분위기를 바꾸는 36가지 스타일

다육식물 열두 달 모아심기

구로다 겐타로 지음
이승원 옮김

BOOKERS

다육식물 열두 달 모아심기

contents
목차

이 책의 활용 방법

◎ 일반적으로 플랜트숍에서 구매할 수 있는 식물 및 모종을 중심으로 구성하였습니다. 각 품종은 식물명과 학명을 함께 기재하였습니다. 식물명은 해당 식물의 일반적인 유통명, 학명은 세계 공통의 식물명입니다. 그리고 각 식물의 특성과 특징, 재배 방법 및 모아심기할 때의 주의사항과 사용 방법 등을 해설로 덧붙였습니다.

◎ 이 책의 데이터는 일본 간토(關東) 지방의 평야 지대를 기준으로 합니다. 우리나라와의 기온 및 습도의 차이를 고려하여 재배와 관리 방법을 직접 판단하시기 바랍니다.

prologue

아무 생각 없이 다육식물 모아심기에 열중하며 다육식물을 하나하나 마주하다 보면, 지금도 매일 새로움을 발견하고 다양한 감정에 사로잡힙니다.
마디 사이에서 올라온 꽃눈에 감동하고, 계절의 흐름에 따라 색을 바꾸는 신비한 모양의 잎을 보며 흐뭇한 미소를 짓고, 꺾꽂이나 잎꽂이한 화분에서 일어난 작은 변화에 감탄하고, 마침내 다육식물 모아심기를 멋지게 완성했을 때에는 안도의 숨을 내쉬게 됩니다.
수많은 시행착오를 통해 배운 힌트를 가득 담은 이 책을 통해 누구나 즐겁게 다육식물 모아심기를 완성할 수 있습니다. 모종과 화분 고르기부터 다양한 코디네이션 기법, 물 주기, 만들고 난 이후의 관리까지 최대한 상세하게 설명하려 했습니다.
모아심기 레시피는 각각의 달마다 플랜트숍에서 판매되는 모종을 사용해, 간단한 소형 모아심기부터 현관 앞에 두고 감상할 수 있는 크기의 모아심기까지, 상세한 작업 과정을 알아보기 쉽게 사진으로 소개합니다. 이 책과 함께 나만의 다육식물 모아심기를 마음껏 즐겨보세요.
심는 방법과 매일 관리하는 요령만 알면 다육식물 모아심기는 만들기도 간단하고, 생각보다 튼튼하며 관리도 간편합니다. 개성 넘치는 다육식물의 다양하고 깊은 매력에 완전히 사로잡히고 나면, 만드는 일도 가꾸는 일도 즐겁게만 느껴질 것입니다.
어떤 말로 설명해도 직접 모아심기를 완성했을 때의 감동에는 미치지 못합니다. 독자 여러분도 모아심기의 참맛을 느껴보시기를 바랍니다.
다육식물은 아름답고 신비하며 보고 또 봐도 질리지 않는 정말 흥미로운 식물인 만큼, 모아심기를 하는 재미 또한 놓칠 수 없습니다.

구로다 겐타로

1

January

한겨울에 즐기는 다채로운 색의 향연

겨울이 되어 찬바람을 맞은 다육식물은
화려한 색으로 바뀐다.
빨강, 오렌지, 핑크 등 겨울 느낌 물씬
풍기는 컬러풀한 모아심기를 소개한다.

Jan. a. 진한 빨강이 빚어내는 화사한 분위기

선명하게 물든 다육식물로 아름답고 화려하게

늦은 가을부터 겨울에 걸쳐 대부분의 다육식물에 단풍이 든다. 다육식물은 다른 식물과 달리 겨울에도 잎을 떨구지 않아서 추위가 누그러지는 3월경까지 화려한 색을 즐길 수 있다. 또한, 여름 생육형 품종은 휴면기를 맞아 생장을 멈추기 때문에 모아심기의 형태가 봄까지 유지된다. 단풍이 든 잎 색을 예쁘게 유지하려면 충분한 햇빛이 필요하다.

겨울에는 밤 기온이 5℃ 이하로 내려가지 않는 장소에서 건조하게 관리한다. 추위 걱정이 사라지는 4월 하순 즈음에 실외로 옮겨놓으면 단풍이 들었던 잎은 서서히 생육기 특유의 싱그러운 색으로 바뀐다.

얕은 화분에 만든 이 모아심기의 주인공은 겨울 다육식물 중에서 가장 단풍이 선명한 화제다. 일본의 겨울을 모티브 삼아 전통미를 느낄 수 있게 완성했다.

주인공 식물: 화제
보조 식물: 을녀심

겨울 다육식물의 특징	겨울에는 잎이 아름답게 물든 다육식물이 많다. 특히 난방이 안 되는 곳에 놓인 것일수록 단풍이 선명하다. 플랜트숍 매대에는 추위에 강한 품종이 늘고, 추위에 약한 아데니움(Adenium), 파키포디움(Pachypodium), 박주가리과(科) 및 쇠비름과의 다육식물은 줄어든다.

간격을 띄워서 각각의 잎 모양이 잘 보이게 배치했다. 앞쪽에 심은 새빨간 화제가 눈길을 끈다. 중앙에는 잎끝이 연하게 물든 을녀심을 두어 귀여움을 연출했다.

가을까지 파스텔그린 잎 색을 띠던 구슬얽기가 크림색으로 바뀌었다. 스노우제이드와 백금황성은 잎끝에 붉은빛이 돌고, 세무리아도 진한 갈색으로 물들었다.

Jan. b. 겨울의 색 변화를 활용한 코디네이션

동적인 자태를 살리면서 좌우의 균형은 조화롭게

줄기를 뻗어 올린 다육식물을 앤티크 천칭에 모아 심었다. 오른쪽에는 은빛 백금황성과 세무리아를, 왼쪽에는 크림색으로 물든 구슬얽기에 붉은빛이 도는 스노우제이드를 곁들였다. 양쪽 모두 밝은색과 차분한 색을 조합해서 대비감을 주었다. 겨울에는 2~3주에 한 번 흙 표면이 젖을 정도로 분무해주고, 3월부터 서서히 물 주는 횟수를 늘린다.

주인공 식물: 백금황성, 구슬얽기
보조 식물: 세무리아, 스노우제이드

Jan. C.

그러데이션이 매혹적인 고딕 스타일

포기를 나눌 수 있는 모종으로 풍성하고 동그랗게

짙은 빨강에서 핑크로 그러데이션을 만들고 동그스름한 형태로 심는다. 잎 색이 모두 다른 품종의 모종을 포기나누기하여 흩어 심기 때문에 모종 다섯 개만으로도 풍부한 표정을 담을 수 있다. 실내의 밝은 창가에 두고 관리하며, 추운 날에는 밤 동안에 실내 안쪽으로 옮겨서 최저 온도를 5℃ 이상으로 유지해준다.

주인공 식물: 발디
보조 식물: 인디카

낮에는 밝은 창가에서 햇볕을 충분히 쬐어준다. 봄에 생장이 시작되어 모양이 흐트러지면 가지치기하여 형태를 유지한다.

Jan.
a.

모아심기 재료와 방법

Layout.

Plants.

a. **적귀성**
Crassula fusca
돌나물과 대구돌나물속

b. **화제**
Crassula capitella 'Campfire'
돌나물과 대구돌나물속
★대체 가능 식물 = 홍엽제

c. **석영**
Aeonium decorum f. *variegata*
돌나물과 아이오니움속

d. **을녀심**
Sedum pachyphyllum
돌나물과 돌나물속
★대체 가능 식물 = 연심*

e. **비취후리데**(피치프라이드)
Echeveria 'Peach Pride'
돌나물과 에케베리아속

f. **부용**
Echeveria harmsii
돌나물과 에케베리아속

g. **송충**
Adromischus hemisphaericus
돌나물과 아드로미스쿠스속

Pot.

얕은 화분: 지름 210 × 높이 80mm
다육식물용 배양토 / 뿌리썩음병 예방약

* **연심** *Sedum pachyphyllum* 'koigokoro' 돌나물과 돌나물속

심는 방법

1 흙을 평평하게 깔고 좌측 뒤쪽에 비취후리데를 심는다. 모종은 기울이지 말고 똑바로 세운다.

2 ①의 앞에 석영을 심고, ①과 높이를 맞춘다.

3 오른쪽 정면에 주인공인 화제를 심는다.

4 정면에서 봤을 때 화제와 석영 사이로 보이는 위치에 을녀심을 심는다.

5 ④의 옆에 부용을 심는다. 키가 큰 줄기는 안쪽, 작은 줄기는 바깥쪽을 향하게 한다.

6 부용 뒤에 송충을 심는다.

7 비취후리데와 송충 사이에 적귀성을 심는다.

point. 1 용기에 어울리는 키 작은 모종 고르기

얕은 용기라는 점을 고려해서 뿌리가 길거나 키가 큰 종류는 제외하고 작은 크기의 모종을 사용한다. 다만 전부 같은 높이로 심으면 밋밋하고 무미건조해지므로, 중앙에 키 큰 모종을 심고 주위에는 키 작은 모종을 배치하여 전체의 실루엣이 완만한 곡선을 그리도록 한다.

완성!

point. 2 빨강과 초록의 화려한 대비

가운데를 살짝 높여 심기는 했지만, 이 모아심기에는 전체적으로 키가 비슷한 모종을 사용했다. 단조로운 인상을 주지 않도록 단풍 든 적귀성, 화제, 부용과 함께 비취후리데, 석영, 을녀심, 송충을 심어 색 대비를 강조함으로써 생기 있는 모아심기를 완성했다.

Jan. b.

모아심기 재료와 방법

Layout.

Plants.

a. **백금황성**(프로스티)
Echeveria pulvinata 'Frosty'
돌나물과 에케베리아속
★대체 가능 식물 = 월토이

b. **스노우제이드**
x *Sedeveria* 'Yellow Humbert'
돌나물과 세데베리아속
★대체 가능 식물 = 옥주염*

d. **세무리아**(장상주)
Kalanchoe orgyalis
돌나물과 칼랑코에속
★대체 가능 식물 = 알프레드 그라프

c. **구슬얽기**
Sedeveria 'Super brow'
돌나물과 세데베리아속

Pot.

앤티크 천칭: 지름 120 × 높이 80mm
다육식물용 배양토 / 뿌리썩음병 예방약

* **옥주염** *Sedum morganianum* 돌나물과 돌나물속

심는 방법

① 용기 바닥이 가려질 만큼 흙을 넣고 뿌리썩음병 예방약을 조금 섞는다.

② 왼쪽 용기 앞쪽에 구슬얽기를 심는다. 줄기가 왼쪽에서 오른쪽으로 흐르는 느낌으로 방향을 잡는다.

③ 용기의 우측 뒤쪽에 스노우제이드를 심는다. ②와 마찬가지로 줄기의 방향은 왼쪽에서 오른쪽으로 향하게 한다.

④ 오른쪽 용기 좌측 앞쪽에 백금황성을 심는다.

⑤ 용기의 우측 뒤쪽에 세무리아를 심는다.

완성!

point. ① 장식돌 대신 사용하는 다육식물용 배양토

이 모아심기는 다육식물과 선인장 전용으로 혼합한 배양토를 사용했다. 다육식물용 배양토는 뿌리 손상을 막기 위해 배수성을 중시하여 만든다. 빛깔이 밝아서 장식돌처럼 보이기 때문에 모던한 분위기의 작품이나 실내용 화분에 사용하면 좋다.

point. ② 배치 구상은 심기 전에 확실하게!

모종 개수가 4개뿐이라서 심는 작업은 간단하지만, 용기가 양쪽으로 떨어져 있기 때문에 천칭과 모종의 형태를 살리면서 균형 있게 만드는 것이 포인트다. 줄기가 동적인 느낌을 주는 모종을 고르고, 긴 꽃대와 줄기는 중앙의 공간을 향하게 한다. 일체감을 주어 통일성 있는 모아심기가 완성된다.

Jan. | C.

모아심기 재료와 방법

Layout.

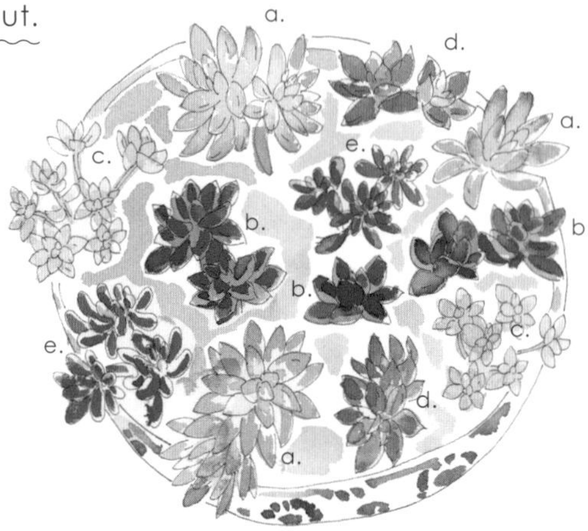

Plants.

b. 브론즈(프리티)
Graptopetalum f. Bronz
돌나물과 그랍토페탈룸속

c. 멘도사
Graptopetalum mendozae
돌나물과 그랍토페탈룸속

a. 발디
x *Graptosedum* 'Francesco Baldi'
돌나물과 그랍토세덤속
★대체 가능 식물 = 성미인*

e. 오로라
Sedum rubrotinctum 'Aurora'
돌나물과 돌나물속

d. 인디카
Sinocrassula indica
돌나물과 시노크라술라속
★대체 가능 식물 = 홍엽제

Pot.

무늬 있는 도자기 화분: 지름 155 × 높이 145mm

* 성미인 *Pachyphytum oviferum* 돌나물과 파키피툼속

심는 방법

1 멘도사는 포기나누기하여 한 포기를 좌측 뒤쪽에 바깥으로 기울여 심는다.

2 발디는 세 개로 나누어 ①의 옆에 심는다. 반구형이 되도록 조금 세워준다.

3 브론즈는 세 포기로 나누어 발디 앞쪽에 바깥으로 살짝 기울여 심는다.

4 오로라는 두 개로 나누어 ③의 앞에 심는다. 가장자리에 심은 식물에 맞춰서 바깥으로 기울인다.

5 발디를 화분 좌측 앞쪽에 심는다. ①과 마찬가지로 바깥으로 기울이고, 화분 중앙은 높여준다.

6 인디카는 둘로 나누고 바깥으로 기울여서 ⑤의 오른쪽 앞에 심는다.

7 ⑤의 오른쪽 뒤에 브론즈를 심는다. 몸체를 살짝 앞으로 기울이고 높이는 발디와 맞춘다.

8 화분 오른쪽 앞에 남은 멘도사를 심는다. 바깥으로 기울여서 동그란 실루엣을 만든다.

9 ⑧의 뒤에 나머지 브론즈와 오로라를 심는다.

10 화분의 우측 뒤쪽 가장자리에 포기를 나누고 남은 발디를 심는다.

11 나머지 인디카를 화분 뒤쪽 가장자리에 심어서 완성한다.

완성!

2

February

겨울 창가에서 만끽하는 로맨틱한 모아심기

2월, 겨울의 끝자락에
화려한 모아심기로 따뜻함을 연출해보자.
형형색색의 다육식물들이 한겨울의 창가를
화사하게 물들인다.

Feb. a. 아름다움이 묻어나는 컬러 구성

창가에 두고 감상하는 아름다운 색채의 다육식물들

푸른 초목과 꽃을 보기 힘든 한겨울에도 다육식물은 잎을 떨구지 않고 아름다운 모습을 보여준다. 유럽이 원산지인 셈페르비붐(Sempervivum)이나 돌나물과 식물처럼 추위에 강한 품종도 있지만, 다육식물의 내한온도는 보통 5℃ 정도다. 이 시기에는 모아심기 화분을 실내에 두고 감상하는 것이 가장 좋다. 양지바른 창가에 두었다가 기온이 낮아지는 야간에는 창가에서 멀리 떨어뜨려 놓는다. 외부 기온이 0℃ 이하로 내려가지 않는다면 물 주기를 자제하고 건조하게 유지하면서 처마 밑이나 베란다에서 관리하는 것도 가능하다.

황동 대저울을 사용한 모아심기에는 추위로 인해 빨강과 핑크로 물든 다육식물을 매치했다. 진한 빨강에서부터 프로리페라의 은은한 핑크에 이르기까지 아름다운 농도 변화를 즐길 수 있는 작품이다.

주인공 식물: 미니벨
보조 식물: 프로리페라

고풍스러운 용기에 어울리는 짙은 색 잎으로 중후한 분위기를 연출했다. 프로리페라와 오색기린초, 바나나체인, 용월은 생장하면서 줄기를 늘어뜨려서 걸이식 용기와 자연스럽게 어우러진다.

Feb. b. 흐드러지게 피어난 꽃밭 같은 모아심기

높낮이 차이와 색 대비로 빚어낸 넘치는 생동감

키가 큰 것, 중간인 것, 작은 것을 골고루 섞어서 높낮이를 다르게 하고, 추위에 붉게 물든 것과 녹색(황색 포함) 또는 청색을 띠는 식물을 조합해서 색의 대비를 강조한다. 조화롭고 생동감 넘치는 모아심기가 완성된다. 철제 플랜터는 뿌리에 냉해를 입기 쉬우니 겨울철 물 주기는 2~3주에 한 번 분무기로 뿌리는 정도만 주고 건조하게 관리한다.

주인공 식물: 혁려, 퀸레드
보조 식물: 염자, 황려

화분 재질에 따라서 흙이 차가운 정도도 달라지므로 겨울에는 물 주기에 유의한다. 봄이 되어 생장하기 시작하면 웃자란 줄기를 잘라서 모아심기의 스타일을 유지한다.

Feb. | c. **북유럽풍으로 완성하는 심플한 스타일**

모양이 같은 화분을 나란히 장식하여 각각의 개성을 강조

개성적인 형태의 화분 두 개를 나란히 두어 실내 인테리어 효과를 높인다. 하나는 잎 모양이 동그란 다육식물을, 다른 하나는 잎이 가늘고 긴 품종이나 위로 자라는 식물을 심어서 두 화분의 대비를 즐긴다. 겨울철에는 실내에서 볕이 가장 잘 드는 곳에 두고, 2~3일에 한 번 화분을 180도 돌려서 심어놓은 모든 모종이 균일하게 햇볕을 쬘 수 있도록 해준다.

주인공 식물: 밀로티(오른쪽 화분), 미공모(왼쪽 화분)
보조 식물: 워터메리(오른쪽 화분), 무을녀(왼쪽 화분)

난방을 거의 하지 않는 공간에서 관리하는 것이 이상적이다. 따뜻한 방이라도 밤에 기온이 내려가는 창가에 두면 아름다운 색깔의 잎을 계속 볼 수 있다. 겨울에는 2~3주에 한 번씩 오전에 분무기로 물을 준다. 저녁이 되면 흙이 마를 정도로만 준다.

Feb.
a.

모아심기 재료와 방법

Layout.

Plants.

a. 미니벨
Echeveria 'Mini Bell'
돌나물과 에케베리아속
★대체 가능 식물 = 홍일산*

b. 용월
Graptopetalum paraguayense
돌나물과 그랍토페탈룸속

c. 원종프리티(레즈리)
Echeveria cv. *Rezry*
돌나물과 에케베리아속

d. 오색기린초
Sedum spurium 'Tricolor'
돌나물과 돌나물속

e. 프로리페라
Sedum prolifera
돌나물과 돌나물속
★대체 가능 식물 = 멘도사

f. 바나나체인(경동자)
Senecio herreanus
국화과 금방망이속

Pot.

앤티크 황동 대저울: 지름 160 × 높이 70mm
뿌리썩음병 예방약

* 홍일산 *Echeveria bicolor* var. *bicolor* 돌나물과 에케베리아속

심는 방법

1 용기에 배수용 돌과 뿌리썩음병 예방약을 넣고 흙을 80% 정도 채운다.

2 프로리페라를 중앙 좌측에 심는다. 손잡이를 감싸듯이 심으면 자연스러워 보인다.

3 앞쪽에 오색기린초를 심는다. 줄기는 용기 밖으로 늘어뜨린다.

4 ③의 뒤에 미니벨을 심는다. 장미꽃 모양의 잎이 잘 보이게 앞쪽으로 기울여준다.

5 오른쪽 앞에 원종프리티를 심는다. 몸체를 가장자리로 기울여 밖으로 돌출시킨다.

6 ⑤의 뒤쪽에 바나나체인을 심는다. 줄기는 밖으로 늘어뜨리고 살짝 앞쪽으로 흐름을 만들어준다.

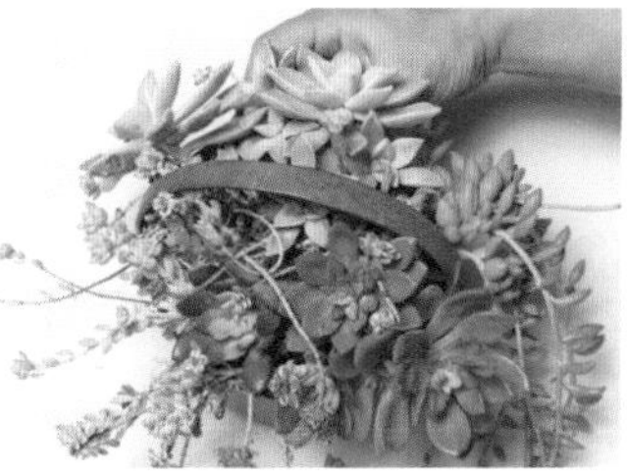

7 뒤쪽 빈자리에 용월을 심는다. 가장자리로 몸체를 기울여서 밖으로 돌출시킨다.

point. 1 늘어진 줄기로 용기의 형태를 살린다

오래된 프랑스제 대저울을 사용했다. 걸이식 용기의 경우 형태가 지닌 장점이 돋보일 수 있게 늘어지는 품종을 고른다. 여기에서는 줄기와 잎이 모두 파릇파릇한 바나나체인을 선택해 미니벨, 원종프리티와는 다른 모양과 색의 대비를 강조했다.

완성!

point. 2 중간 키의 다육식물로 부피감을 살린다

용기 가장자리에 모종을 심을 때는 몸체를 바깥으로 기울여서 잎과 줄기가 돌출되게 심어주면 모아심기에 부피감이 살아나고 생기 넘치는 인상으로 완성된다. 또한, 전체적으로 풍성하고 둥그스름한 형태가 되도록 중앙에 심는 모종은 수직으로 세워 심는다.

Feb.
b.

모아심기 재료와 방법

Layout.

Plants.

a. **혁려**
Echeveria cv. Kakurei
돌나물과 에케베리아속
★대체 가능 식물 = 마우나로아

b. **홍치아**
Echeveria macdougall
돌나물과 에케베리아속

c. **퀸레드**
Echeveria 'Queen Red'
돌나물과 에케베리아속
★대체 가능 식물 = 오팔

d. **염자**
Aeonium undulatum
돌나물과 아이오니움속
★대체 가능 식물 = 상학

e. **그린에또**
Villadia batesii
돌나물과 빌라디아속

f. **황려**
Sedum adolphi
돌나물과 돌나물속
★대체 가능 식물 = 선라이즈 맘*

g. **드래곤블러드**
Sedum spurium 'Dragon's Blood'
돌나물과 돌나물속

h. **입전**
x Pachyveria 'Scheideckeri'
돌나물과 파키베리아속

i. **원패초**
Kalanchoe scapigera
돌나물과 칼랑코에속

j. **레모타**
Crassula remota
돌나물과 대구돌나물속

k. **아우스트랄레**
Sedum australe
돌나물과 돌나물속

l. **스노우제이드**
x Sedeveria 'Yellow Humbert'
돌나물과 세데베리아속

Pot.

가로로 긴 철제 플랜터:
폭 600 × 깊이 70 × 높이 90mm

* **선라이즈 맘** *Sedum* 'Sunrise Mom' 돌나물과 돌나물속

심는 방법

1 화분 왼쪽에 홍치아를 심는다. 모종은 뒤쪽으로 바싹 붙이고 왼쪽 앞으로 기울인다.

2 레모타는 두 포기로 나누어 화분 좌측 앞쪽에 심고 줄기는 화분 밖으로 늘어뜨린다.

3 ②의 오른쪽에 스노우제이드를 심는다. 키 큰 포기를 뒤쪽으로 배치하고 모종은 왼쪽 앞으로 기울인다.

4 드래곤블러드를 포기나누기하여 ③의 옆에 심는다. 줄기는 화분 앞으로 늘어뜨린다.

5 원패초는 좌측 앞쪽으로 기울여서 줄기가 화분 앞으로 나오게 심는다.

6 그린에또는 두 포기로 나눈 다음 ⑤의 오른쪽 뒤에 놓고 ⑤를 에워싸듯이 심는다.

7 화분 중앙에서 약간 왼쪽에 혁려를 심는다. 키가 크기 때문에 되도록 뒤쪽에 배치한다.

8 혁려 오른쪽에 황려를 살짝 좌측으로 기울여 심는다. 키가 큰 포기를 뒤쪽으로 배치한다.

9 아우스트랄레를 둘로 나누어서 ⑧의 바로 옆에 심는다. 줄기는 화분 앞으로 늘어뜨린다.

10 ⑨의 오른쪽 뒤에 퀸레드를 심는다. 꽃대와 몸체는 약간 왼쪽을 향하게 놓는다.

11 ⑩의 오른쪽 앞에 남은 레모타를 심고 줄기를 화분 앞쪽으로 늘어뜨린다.

12 ⑩의 오른쪽에 나머지 그린에또를 심는다. 줄기 일부를 화분 앞으로 늘어뜨린다.

13 그린에또 뒤에 염자를 심는다.

14 염자 오른쪽으로 남은 드래곤블러드를 심어서 염자의 밑동을 화사하게 꾸며준다.

15 화분 오른쪽 끝에 입전을 심는다. 앞쪽으로 배치해서 잎이 화분에서 흘러넘치는 느낌을 연출한다.

16 ⑮의 우측 뒤에 남은 아우스트랄레를 심어 완성한다.

완성!

point. 1 자연스러운 분위기의 레이아웃

심기 전에 대략적인 배치를 결정한다. 키가 크면 뒤쪽, 중간 크기는 가운데, 작은 것은 앞쪽에 심는다. 키 큰 식물을 좌우 대칭으로 놓거나 가운데 모아놓으면 정형화된 느낌을 주기 때문에 중심에서 약간 떨어뜨리는 것이 요령이다. 혁려는 왼쪽으로, 퀸레드의 꽃대도 똑같이 왼쪽을 향하게 기울여서 자연스러운 분위기를 만든다.

point. 2 늘어지며 자라는 품종으로 연출하는 동적인 느낌

중간 키의 홍치아, 스노우제이드, 퀸레드는 모아심기에 부피감을 더해준다. 입전과 원패초처럼 키 작은 식물은 화분 앞쪽이나 키 큰 식물 사이에 배치해서 공간을 채워주면 균형이 잘 맞는다. 잎이 작고 줄기가 늘어지는 품종은 앞쪽에 심은 뒤에 줄기를 밖으로 늘어뜨려서 동적인 느낌을 만든다.

Feb. | c.

모아심기 재료와 방법

Layout.

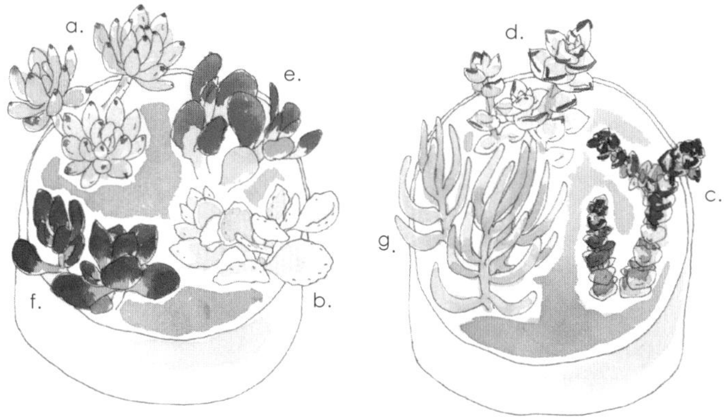

Plants.

a. **춘맹**
Sedum 'Alice Evans'
돌나물과 돌나물속

b. **밀로티**
Kalanchoe millotii
돌나물과 칼랑코에속
★대체 가능 식물 = 왕비신도*

c. **무을녀**
Crassula rupestris ssp. marnierana
돌나물과 대구돌나물속
★대체 가능 식물 = 성을녀*

d. **성왕자**
Crassula conjuncta
돌나물과 대구돌나물속

e. **야곱세니**
Senecio jacobsenii
국화과 금방망이속

f. **워터메리**
Crassula atropurpurea var. watermeyeri
돌나물과 대구돌나물속
★대체 가능 식물 = 벨루티나

g. **미공모**
Senecio antandroi
국화과 금방망이속
★대체 가능 식물 = 만보

Pot.

회색 도자기 화분: 지름 110 × 높이 140mm

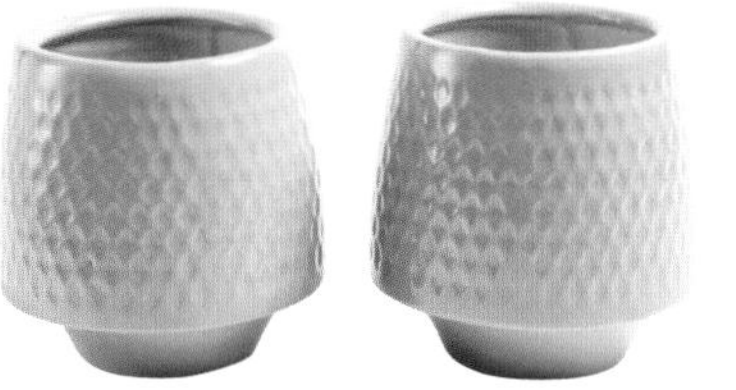

* **왕비신도** *Crassula* 'Ouhijintou' 돌나물과 대구돌나물속
* **성을녀** *Crassula perforata Thunb.* 돌나물과 대구돌나물속

심는 방법

1 화분 좌측 뒤쪽에 춘맹을 심는다. 몸체를 바깥으로 기울이고 화분 중앙을 높여서 공간감을 만든다.

2 화분 좌측 앞쪽에 워터메리를 심는다. ①과 똑같이 몸체를 바깥으로 기울인다.

3 주인공인 밀로티를 우측 앞쪽에 심는다. 포기를 바깥으로 기울여서 가운데를 높여준다.

4 오른쪽 뒤에 야곱세니를 심는다. 주인공을 붉은색 식물로 에워싸서 존재감을 강조한다.

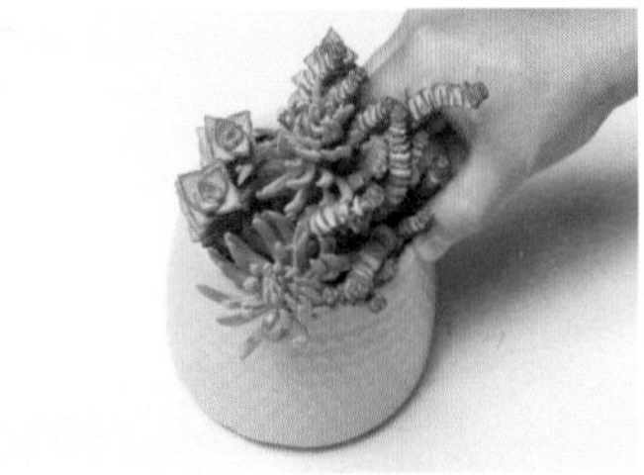

5 다른 화분에도 같은 방법으로 모아심기 한다.

완성!

point. 1 모종을 기울여서 모아심기 높이를 조절

잎 모양과 식물의 형태가 다른 품종을 똑같은 화분 두 개에 나눠 심고 '곡선'과 '직선'의 대비를 즐기는 작품이다. 두 화분을 나란히 두었을 때 완성작의 높이와 크기가 비슷해야 보기 좋다. 키가 큰 미공모는 좌측 앞쪽에 기울여 심어서 다른 식물과 균형을 맞춘다.

point. 2 잎의 색깔과 형태의 차이를 강조

한쪽 화분에 잎 모양이 동그란 식물을 모아심는다. 은빛을 띠는 것과 추위에 핑크로 단풍 든 식물을 번갈아서 심는다. 다른 화분의 주인공은 가늘고 긴 잎에 푸른빛이 도는 미공모다. 잎 끝이 불그스름한 무을녀로 악센트를 주고, 위로 생장하는 식물을 모아서 세로 라인을 강조한다.

column

a

다육식물은 어떤 식물일까?

건조에 강하고 생김새가 다양한 다육식물.
어떤 특징이 있는지 좀 더 알아보자.

전 세계에 분포하는 다육식물의 생육 환경

다육식물이란 잎이나 줄기, 뿌리를 팽창시켜서 물을 저장하는 기능이 있는 식물을 말한다. 다육식물의 고향은 남아프리카와 동아프리카, 마다가스카르, 중남미 등지의 건기와 우기가 명확한 건조지대로, 자생종만 1만 종이나 된다고 알려졌다. 한국에도 둥근잎꿩의비름, 태백기린초, 돌나물, 채송화, 연화바위솔 등의 일부 다육식물이 자생한다. 한국의 기후와 다른 환경에서 살아가던 다육식물을 우리나라에서 재배하면 여름 생육형과 겨울 생육형으로 생육패턴이 나뉘게 된다.

다육식물의 종류와 특징

다육식물은 자생지의 환경에 적응하며 자신의 모습을 바꾸어왔기 때문에 잎의 모양과 질감, 색깔, 구조가 매우 다종다양하다. 잎 모양이 동그랗거나 길쭉한 것 또는 납작한 형태, 잎 크기가 큰 것과 작은 것, 키가 큰 것, 아주 느리게 자라거나 역동적인 형태로 자라는 것, 옆으로 기어가듯이 가지를 뻗어 늘어뜨리는 것 등이 있다. 개성 넘치는 다육식물을 마음껏 조합해서 단 하나뿐인 모아심기를 만들 수 있다는 점이 매력이다.

다육식물의 성질 이해하기

건조지대에 자생하는 다육식물은 저수 기능이 뛰어나기 때문에 건조에 강하고 과습을 싫어하며 양지바른 곳, 배수와 통풍이 잘되는 곳을 좋아한다. 다만 하워르티아(Haworthia)처럼 야외의 강한 햇살에 화상을 입는 종류도 있다. 이런 품종은 직사광선을 피할 수 있는 베란다나 실내에서 재배하는 것이 좋다. 모든 다육식물은 고온다습한 환경에 취약해서 썩는 일도 있으니 주의한다.

여름 생육형

봄부터 가을까지 생장하고 겨울에는 생육을 멈춘다. 에케베리아(Echeveria), 그랍토페탈룸(Graptopetalum), 파키피툼(Pachyphytum), 세덤(Sedum)을 비롯하여 일반적으로 유통되는 다육식물은 대부분 여름형이다.

비취후리데

겨울 생육형

가을부터 겨울 동안 생장하고 여름에는 생육을 멈춘다. 아이오니움(Aeonium), 오토나(Othonna), 세네키오(Senecio), 리톱스(Lithops), 코노피툼(Conophytum), 크라술라(Crassula) 일부가 해당한다.

흑법사

3

March

봄의 시작에 앞서 화사함을 더해줄, 추위에 강한 셈페르비붐 조합

이달의 주인공은 로제트 모양의 잎이 꽃처럼 아름다운 셈페르비붐이다. 화분 용기에 약간의 멋을 가미하면 훨씬 다양한 모습이 살아난다.

Mar. a. 예술 작품이 된 일상생활용품

겨울 단풍의 여운을 만끽하는 셈페르비붐 일본식 정원

셈페르비붐은 생장기인 봄과 가을에 잎 색이 고와지고 겨울에는 찬바람을 맞아 검붉게 물든다. 야외에서 겨울을 날 수 있을 만큼 추위에는 꽤 강하지만 고온다습에는 취약하다. 여름에는 비를 맞지 않는 실외의 반그늘에서 건조하게 관리한다. 봄과 가을에는 흙 표면이 마르면 물을 듬뿍 준다.

바닥에 구멍을 뚫은 중국식 프라이팬에 만든 이 모아심기는 미니어처 정원을 모티브로 했다. 중앙에 돌을 두고 여백을 살려서 모종을 심은 모습이 마치 일본식 정원 같은 분위기를 자아낸다. 새로 산 어린 모종으로 만드는 모아심기도 귀엽지만, 1~2년 지난 뒤의 모습도 보기 좋다. 뿌리를 튼튼하게 뻗고, 어미그루 주위에 올록볼록 작은 새끼그루가 잔뜩 달린 자연스러운 아름다움에 감동하게 된다.

주인공 식물: 그라스
보조 식물: 블루게이

봄 다육식물의 특징

날씨가 따뜻해지면 봄 · 가을형 다육식물의 생육도 다시 시작된다. 추위에 물들었던 단풍은 싱그러운 봄 색깔로 갈아입는다. 셈페르비붐 모종은 3월부터 5월 사이에 많이 출하된다. 4~5월이 되어 본격적으로 봄이 찾아오면 플랜트숍에도 형형색색의 다육식물이 줄을 잇는다.

가장 먼저 돌의 위치를 결정한다. 중앙에서 약간 뒤쪽에 놓아 앞쪽 공간을 확보한다. 앞을 넓히면 공간감을 연출할 수 있다.

현월과 루비네크리스가 생장하면 밑동 부분을 가지치기해서 줄기의 수를 줄인다. 뿌리가 잘 나오기 때문에 꺾꽂이하면 좋다.

Mar. b. 꽃다발이 떠오르는 우아한 모아심기

화려한 부케처럼 동그랗고 풍성하게

진한 빨강, 초록, 그리고 푸른빛이 감도는 실버까지, 형형색색의 셈페르비붐을 꽃처럼 사용해서 부케 느낌으로 만든다. 길게 줄기를 늘어뜨린 현월과 루비네크리스가 셈페르비붐 사이에서 화려함을 더해준다. 5℃ 이하에서는 현월과 루비네크리스가 냉해를 입기 쉬우니 실외의 양지바른 처마 밑에 두고 건조하게 유지한다.

주인공 식물: 티엘(TL)
보조 식물: 거미바위솔

Mar. c.

개성 강한 화분에 어울리는 풍성한 모아심기

작은 천사화분에 자생지의 풍경을 재현

자생지에 군생하는 셈페르비붐의 모습을 이미지화해서 천사장식 화분에 모아심기를 했다. 빨갛게 물든 오색기린초로 악센트를 주어 생동감을 더했다. 셈페르비붐만 모아 심으면 지붕이 없는 장소에 두어도 되지만, 레모타와 루벤스도 심었기 때문에 양지바른 처마 밑에서 건조하게 관리하는 것이 가장 좋다.

주인공 식물: 붉은거미바위솔
보조 식물: 오색기린초

여름에는 물 주기를 자제하고 건조하게 관리한다. 밑동에서 가지를 뽑아 통풍이 잘되게 하거나 장마 전에 그루 수를 줄여 다시 만들어도 된다.

Mar. | a.

모아심기 재료와 방법

Layout.

Plants.

c. **블루게이**
Sempervivum cv.
돌나물과 상록바위솔속
★대체 가능 식물 = 미라*

b. **상하이로즈**
Sempervivum 'Shanghai Rose'
돌나물과 상록바위솔속

a. **가젤**
Sempervivum 'Gazelle'
돌나물과 상록바위솔속

d. **그라스**
Sempervivum cv.
돌나물과 상록바위솔속
★대체 가능 식물 = 라즈베리아이스*

e. **호랑이발톱바위솔**(브롱코)
Sempervivum 'Bronco'
돌나물과 상록바위솔속

f. **백혜**(오디티)
Sempervivum ossetiense 'Odeity'
돌나물과 상록바위솔속

Pot.

중국식 프라이팬: 지름 305 × 높이 70mm
정원석: 가로 약 150 × 세로 약 80 × 높이 약 80mm
다육식물용 배양토 (장식돌로 사용)

* **미라** *Echeveria* 'Mira' 돌나물과 에케베리아속
* **라즈베리아이스** *Sempervivum* 'Raspberry Ice' 돌나물과 상록바위솔속

심는 방법

① 용기 바닥에 배수용 돌을 대신하여 적옥토를 넣는다(시판 배수용 돌도 사용 가능).

② 용기에 돌과 모종을 넣고 대강의 배치를 결정한다.

③ 흙을 넣고 좌측 뒤쪽에 백혜와 상하이로즈를 심는다.

④ ③의 앞에 돌을 놓고 아래쪽 절반을 흙에 묻어 고정한다.

⑤ 용기 좌측 앞쪽에 가젤을 심는다.

⑥ 가장 잘 보이는 중앙 부근에 주인공인 그라스를 심는다.

⑦ 그라스 앞에 호랑이발톱바위솔을 심는다. 그라스보다 낮게 심는다.

⑧ 붉은 잎의 그라스 옆으로 푸른 잎의 블루게이를 심어 그라스를 돋보이게 한다.

⑨ 장식돌 대신 다육식물용 배양토를 얹어 흙을 감춘다.

완성!

point. ① 물구멍을 뚫어 만든 오리지널 화분

이번 모아심기에 사용한 용기는 형태가 단순해서 더 좋은 철제 양수 중국식 프라이팬이다. 생활용품을 화분으로 쓸 때는 가능하면 전동드릴 등으로 구멍을 뚫어 사용한다. 구멍을 뚫을 수 없는 경우에는 배수용 돌을 넣은 뒤에 뿌리썩음병 예방약을 반드시 넣어준다.

Mar. b.

모아심기 재료와 방법

Layout.

Plants.

a. **거미바위솔**
Sempervivum arachnoideum
돌나물과 상록바위솔속
★대체 가능 식물 = 가젤

b. **티엘**(TL)
Sempervivum 'TL'
돌나물과 상록바위솔속
★대체 가능 식물 = 호랑이발톱바위솔

c. **블랙프린스**
Sempervivum 'Black Prince'
돌나물과 상록바위솔속

d. **울코츠 버라이어티**
Sempervivum 'Woolcott's Variety'
돌나물과 상록바위솔속

e. **루비네크리스**(진주목걸이)
Othonna capencis 'Ruby'
국화과 오토나속

f. **파이어버드**
Sempervivum 'Fire Bird'
돌나물과 상록바위솔속

g. **우라누스**
Sempervivum 'Uranus'
돌나물과 상록바위솔속

h. **현월**
Senecio radicans
국화과 금방망이속

Pot.

토분: 지름 240 × 높이 230mm

심는 방법

1 모아심기에 사용할 모종을 모아 놓고 대강의 배치를 결정한다.

2 흙은 가운데를 높게 돋워준다. 좌측 뒤쪽에 파이어버드를 바깥으로 기울여 심는다.

3 ②의 바로 앞에 포기나누기한 현월을 심는다. 줄기는 화분 밖으로 늘어뜨린다.

4 파이어버드 앞에 거미바위솔을 심는다. 포기는 바깥쪽으로 기울인다.

5 거미바위솔 오른쪽에 남은 현월을 심는다.

6 루비네크리스의 포기를 나누어 화분 앞쪽에 심고 줄기는 화분 밖으로 늘어뜨린다.

7 중앙에 블랙프린스를 심는다. 가장 높이 올라오게 심는다.

8 티엘을 바깥으로 기울여서 화분 앞쪽에 심고, 오른쪽에는 남은 루비네크리스를 심는다.

9 울코츠 버라이어티를 바깥으로 기울여서 우측 뒤쪽에 심는다.

10 맨 뒤에 우라누스를 바깥으로 기울여 심는다.

11 현월과 루비네크리스의 줄기 모양을 생동감 있게 스타일링 한다.

완성!

Mar.
c.

모아심기 재료와 방법

Layout.

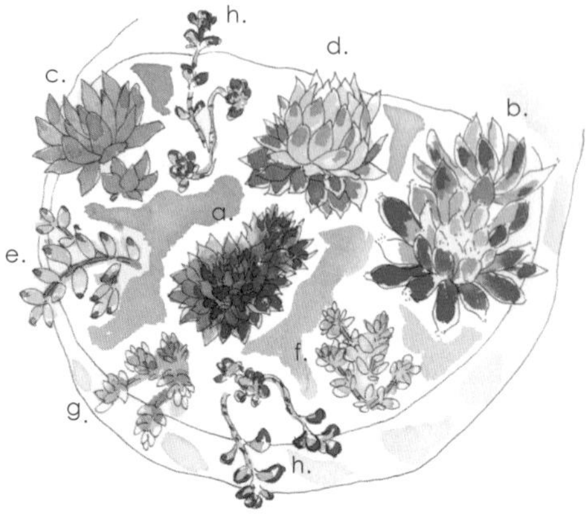

Plants.

a. **그룬랜드**
Sempervivum cv.
돌나물과 상록바위솔속

b. **붉은거미바위솔**
Sempervivum cv.
돌나물과 상록바위솔속
★대체 가능 식물 = 상하이로즈

c. **그레이던**
Sempervivum 'Grey Dawn'
돌나물과 상록바위솔속

d. **P.튜본**
Sempervivum cv.
돌나물과 상록바위솔속

e. **루벤스**
Sedum rubens
돌나물과 돌나물속

f. **아우스트랄레**
Sedum astorare
돌나물과 돌나물속

g. **레모타**
Crassula remota
돌나물과 대구돌나물속

h. **오색기린초**
Sedum spurium 'Tricolor'
돌나물과 돌나물속
★대체 가능 식물 = 드래곤블러드

Pot.

천사 화분: 폭 210 × 높이 120mm
(천사장식 포함: 폭 250 × 높이 280mm)

심는 방법

1 심기 전에 모종을 모아놓고 대강의 배치를 결정한다.

2 화분에 배수용 돌과 흙을 넣는다.

3 화분 왼쪽 끝에 그레이던을 바깥으로 기울여 심고 몸체 일부를 화분 밖으로 꺼내놓는다.

4 오색기린초의 포기를 나누어 ③의 옆에 심는다.

5 앞쪽의 루벤스는 바깥으로 늘어뜨리고, 그 뒤에 P.튜본을 높게 심는다.

6 중앙에 그룬랜드를 약간 높게 심고, 앞쪽에 레모타를 심어 줄기를 밖으로 늘어뜨린다.

7 ⑥의 옆에 남은 오색기린초를 심고 줄기를 앞으로 늘어뜨린다.

8 ⑦의 옆에 아우스트랄레를 심고, 줄기는 바깥을 향하게 한다.

9 오른쪽 끝에 붉은거미바위솔을 심는다. 몸체는 바깥으로 기울여서 높이를 낮춘다.

완성!

point. 1 뿌리가 상하지 않는 포기나누기 테크닉

다육식물을 포기나누기 할 때는 뿌리가 다치지 않도록 밑동을 잡고 천천히 가른다. 특히 세덤과 에케베리아, 셈페르비붐처럼 뿌리가 가느다란 식물은 주의가 필요하다. 하워르티아와 용설란, 알로에 등 뿌리가 굵고 새끼그루가 독립된 타입은 손으로 떼어서 나누면 된다.

4

April

편안함을 주는 은은한 색조의 페일톤 컬러로 만드는 봄의 모아심기

손꼽아 기다리던 따뜻한 봄이 찾아왔다.
페일톤 컬러의 다육식물을 모아서
봄기운이 느껴지는 모아심기를 만들었다.
은은한 색깔의 잎이 부드러운 햇살을 받아
반짝반짝 빛난다.

Apr. a. 상쾌한 초록빛 그러데이션 효과

잎 색이 연한 다육식물들로 본격적인 봄의 시작을 만끽한다.

4월이 되면 겨울 동안 짙게 물들었던 다육식물은 싱그러운 색으로 돌아오고, 많은 품종이 본격적인 생육기에 접어든다. 봄 · 가을형과 여름형 식물에게는 분갈이와 재단장의 계절이기도 하다.
따사로운 봄 햇살에 빛나는 모아심기를 표현하고자 상큼한 분위기의 페일톤(pale tone) 컬러 리스를 만들었다. 진초록에서 연초록, 연노랑으로 이어지는 그러데이션을 위해서 초록색 잎 계열의 다육식물을 골랐다. 리스 받침대도 파스텔그린으로 칠해서 귀엽고 산뜻한 느낌을 더했다. 기온이 높아질수록 왕성하게 생장하기 때문에 한 달에 한 번 리스에서 삐져나온 줄기를 잘라 둥근 형태를 유지한다.

주인공 식물: 구슬얽기
보조 식물: 펀퀸

모종이 리스 가장자리로 너무 돌출되지 않도록 심는 것이 요령이다. 봄에는 양지바른 곳에 두고 흙이 마르면 물을 듬뿍 준다. 한여름에는 통풍이 잘되는 반그늘에, 두고 물은 적게 준다. 10월경에 가지치기를 겸해서 키 작은 식물로 다시 만들어준다.

물구멍이 없는 용기의 경우 1~2일이 지나서 흙 표면이 하얗게 마를 정도로만 물을 준다. 두는 장소와 날씨에 따라 흙의 건조 상태가 달라지므로 틈날 때마다 흙 표면을 확인한다.

Apr. b. 섬세함이 더욱 빛나는 코디네이션

샐러드처럼 신선한 세덤의 새잎을 즐긴다

신선한 그린 샐러드를 모티브로 해서 세덤 모아심기를 만들었다. 새잎의 색깔이 한층 고와지는 4~5월에 잘 어울리는 작품이다. 세덤과 형태가 다른 뉴헨의진주로 악센트를 줘서 강렬한 인상을 더한다. 실내에서 관리하면 빛과 통풍이 부족해져서 웃자라는 원인이 된다. 비를 맞지 않는 베란다나 처마 밑 등 양지바른 장소에 두고 관리하는 것을 추천한다.

주인공 식물: 황금세덤
보조 식물: 뉴헨의진주

Apr. c. 사랑스러운 매력이 돋보이는 다육식물

오로라와 프로리페라로 연출한 무성한 풀밭

벨벳처럼 부드러운 질감의 팡과 은은한 핑크빛이 도는 썬버스트로 사랑스러운 공간 연출에 도전했다. 똑같은 디자인의 캔에 심어서 창가에 두고 감상한다. 가늘고 긴 줄기를 뻗은 썬버스트와 팡의 밑동에는 프로리페라와 오로라를 심었다. 키를 작게 유지하는 편이 보기 좋으므로 모양을 보면서 가지치기로 높이를 조절해준다.

주인공 식물: 팡, 썬버스트
보조 식물: 프로리페라, 자려전

팡과 썬버스트는 잎에 화상을 입을 수 있으니 한여름에는 직사광선을 가려준다. 한여름과 한겨울에는 물 주기를 자제하고, 봄과 가을에는 흙 표면이 마르면 듬뿍 준다.

Apr. a.

모아심기 재료와 방법

Layout.

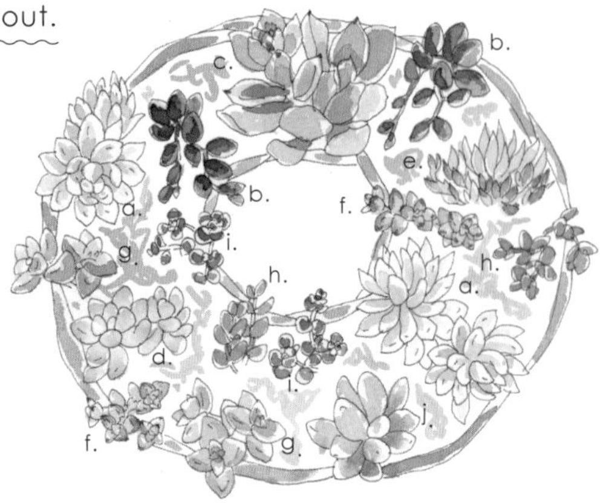

Plants.

a. **구슬얽기**
Sedeveria 'Super brow'
돌나물과 세데베리아속
★대체 가능 식물 = 옥주염

b. **녹영**
Senecio rowleyanus
국화과 금방망이속

c. **펀퀸**
Echeveria 'Fun Queen'
돌나물과 에케베리아속
★대체 가능 식물 = 녹모단*

d. **부사**
Sedum torereasei
돌나물과 돌나물속

e. **바위솔**
Orostachys japonicus
돌나물과 바위솔속

f. **희성**
Crassula 'Tom Thumb'
돌나물과 대구돌나물속

g. **루페스트리**
Crassula rupestris cv.
돌나물과 대구돌나물속

h. **크라술라 다비드**
Crassula 'David'
돌나물과 대구돌나물속

i. **둥근잎비름**
Sedum makinoi
돌나물과 돌나물속

j. **천대전송**
Pachyphytum compactum
돌나물과 파키피툼속

Pot.

리스형 등나무 바구니:
지름 230 × 심는 공간의 폭 70 × 높이 60mm
이끼 / 아크릴물감(파스텔그린) / 페인트 붓

* 녹모단 *Echeveria globosa* 돌나물과 에케베리아속

심는 방법

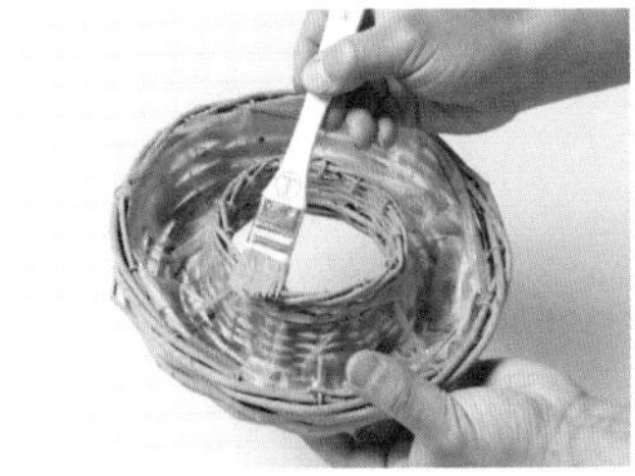

1 파스텔그린 아크릴물감으로 리스 받침대 전체를 칠한다.

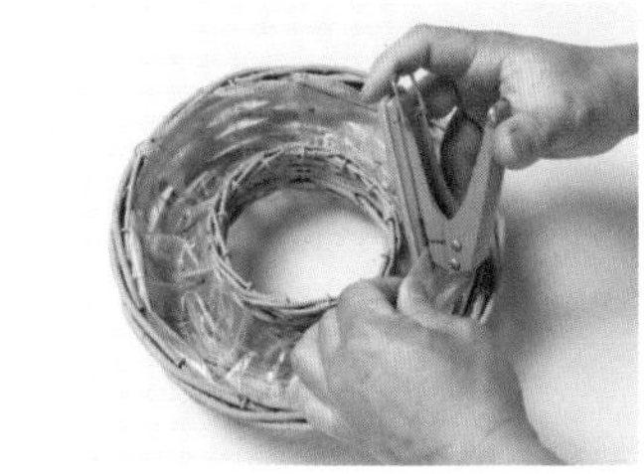

2 펀치기로 리스 받침대 비닐에 구멍을 뚫어준다.

3 흙을 넣는다. 식물을 심는 부분이 얕아서 배수용 돌은 사용하지 않아도 된다.

4 80% 높이까지 흙을 채운다.

5 펀퀸을 심는다. 수직으로 심어 테두리 밖으로 돌출되지 않게 한다.

6 두 포기로 나눈 녹영을 안쪽 테두리에 바짝 붙여 심는다.

7 ⑥의 앞에 구슬얽기를 심는다. 앞뒤로 겹치지 않도록 비껴 가며 모종을 심는다.

8 바깥쪽 테두리에 두 포기로 나눈 루페스트리를 심는다.

9 ⑧의 바로 뒤, 안쪽 테두리에 둘로 나눈 둥근잎비름을 심는다.

10 둥근잎비름 옆에 부사를 심는다.

11 희성을 두 포기로 나누어서 부사 옆에 심는다.

12 둘로 나눈 크라술라 다비드를 희성 옆에 심는다.

13 크라술라 다비드 옆으로 남은 루페스트리를 심는다.

14 루페스트리 옆, 리스 한가운데에 천대전송을 심는다.

15 나머지 둥근잎비름은 리스 폭에 맞춰 가지를 벌려서 ⑭의 옆에 심는다.

16 ⑦의 구슬얽기와 대각선 위치에 구슬얽기를 하나 더 심어준다.

17 구슬얽기 옆으로 남은 크라술라 다비드를 바깥 테두리에 붙여 심는다.

18 크라술라 다비드 뒤, 안쪽 테두리에 포기나누기하고 남은 희성을 심는다.

19 희성 옆에 바위솔을 심는다.

20 바위솔 옆에 포기나누기하고 남은 녹영을 심는다.

21 흙이 보이는 부분에 이끼를 덮어 가린다.

완성!

point. 1 잎 색이 대비되어 풍부해진 표정

천대전송, 구슬얽기, 펀퀸처럼 잎이 큰 식물과 둥근잎비름, 루페스트리, 크라술라 다비드처럼 잎이 작은 식물을 번갈아 심는다. 그리고 진한 색과 연한 색을 섞어서 심어준다. 크기와 색깔의 차이가 대비를 이루어 표정이 풍부해진다.

Apr. | b.

모아심기 재료와 방법

Layout.

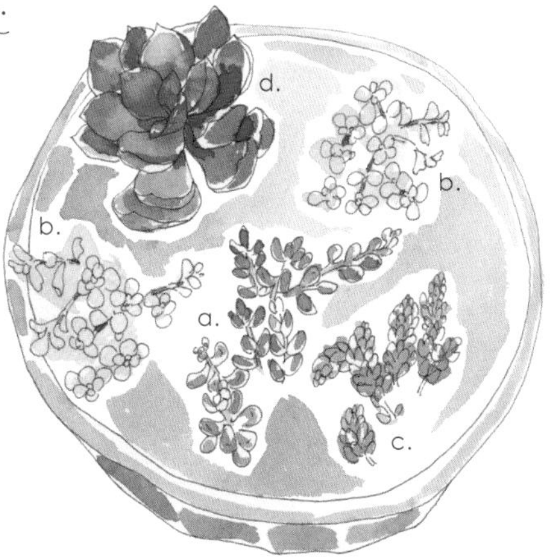

Plants.

a. 땅채송화
Sedum oryzifolium
돌나물과 돌나물속

b. 황금세덤
Sedum makinoi 'Aurea'
돌나물과 돌나물속
★대체 가능 식물 = 골든카펫

c. 브레비폴리아
Sedum brevifolium
돌나물과 돌나물속

d. 뉴헨의진주(펄 폰 뉘른베르크)
Echeveria 'Perle von Nurnberg'
돌나물과 에케베리아속
★대체 가능 식물 = 초연

Pot.

카페오레 볼: 지름 150 × 높이 75mm
뿌리썩음병 예방약

심는 방법

1 용기 바닥에 뿌리썩음병 예방약을 넣는다.

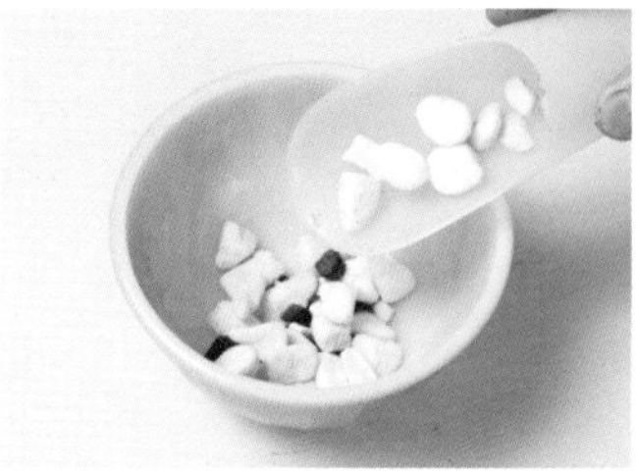

2 배수용 돌을 넣는다.

3 용기의 80%까지 흙을 채운다.

4 용기 좌측 뒤쪽에 뉴헨의진주를 심는다. 모종은 용기 테두리를 향해 기울인다.

5 황금세덤은 7:3의 비율로 포기를 나누고, 큰 포기를 ④의 앞에 심는다.

6 땅채송화의 밑동을 잡고 눌러 펼쳐준다.

7 ⑥의 땅채송화를 용기 중앙에 심는다.

8 용기 오른쪽에 브레비폴리아를 심는다.

9 용기 뒤쪽의 비어있는 공간에 포기를 나누고 남은 황금세덤을 심는다.

point. 1 식물 모양에 변화를 주는 테크닉

땅채송화나 황금세덤 같이 잎 크기가 작은 종류의 식물은 약방의 감초처럼 모아심기에 빠지지 않는다. 주로 2~3개로 포기를 나누어 사용하지만, 이번 모아심기에는 길쭉하게 펼쳐서 사용했다. 양손으로 밑동을 잡고 뿌리 부분을 살며시 누르면서 펼쳐나간다.

완성!

Apr. | c.

모아심기 재료와 방법

Layout.

Plants.

a. **썬버스트**
Aeonium urbicum 'Sunburst'
돌나물과 아이오니움속
★대체 가능 식물 = 문버스트*

b. **자려전**
x *Pachyveria* 'Blue Mist'
돌나물과 파키베리아속
★대체 가능 식물 = 천대전송

c. **오로라**
Sedum rubrotinctum 'Aurora'
돌나물과 돌나물속

d. **팡**
Kalanchoe behalensis 'Fang'
돌나물과 칼랑코에속
★대체 가능 식물 = 베하렌시스 화이트리프*

e. **프로리페라**
Sedum prolifera
돌나물과 돌나물속
★대체 가능 식물 = 리틀뷰티*

Pot.

사각 캔:
대(大) – 가로 125 × 세로 125 × 높이 175mm
소(小) – 가로 105 × 세로 105 × 높이 150mm
이끼 / 뿌리썩음병 예방약

* **문버스트** *Aeonium urbicum* 'Moonburst' 돌나물과 아이오니움속
* **베하렌시스 화이트리프** *Kalanchoe beharensis* cv. *Roseleaf* 돌나물과 칼랑코에속
* **리틀뷰티** *Graptosedum* 'Little Beauty' 돌나물과 그랍토세덤속

심는 방법

1 캔의 1/5 높이까지 배수용 돌을 넣는다.

2 물구멍이 뚫려있지 않기 때문에 뿌리썩음병 예방약을 넣어준다.

3 캔의 80% 높이까지 흙을 채운다.

4 용기 우측 뒤쪽 모서리에 썬버스트를 심는다. 모종은 살짝 앞쪽으로 기울인다.

5 캔 좌측 앞쪽 모서리에 자려전을 심는다.

6 썬버스트 밑동에 오로라를 심는다.

7 흙이 보이는 부분에 이끼를 덮어 감춘다.

point. 1 같은 방법으로 심어서 한 세트의 작품으로

크기가 다른 두 개를 나란히 놓아서 한 세트의 작품으로 보이게 한다. 양쪽 캔 모두 키가 큰 팡과 썬버스트를 주인공으로 심고, 밑동에 키 작은 식물을 곁들이는 방법까지 똑같이 구성했다. 흙이 보이는 부분에 이끼를 깔아서 파스텔 컬러에 어울리는 부드러운 인상으로 마무리한다.

완성!

point. 2 감상하는 시선을 고려하여 모아심기

모아심기를 만들 때는 먼저 어느 방향을 정면으로 할지, 어느 곳에 두고 감상할지를 생각하고 작업을 시작한다. 이 모아심기는 눈높이에 맞춰 만들었다. 주인공 썬버스트를 용기의 가장 위쪽에 배치하고 잎의 형태와 아름다운 색깔이 잘 보이도록 살짝 앞쪽으로 기울여 심었다.

column

b

다육식물 모종 잘 고르는 법

다육식물은 플랜트숍과 화훼단지 등에서 쉽게 구매할 수 있는 만큼,
기왕이면 건강하고 좋은 모종 고르는 법을 알아두자.

좋은 모종 구별하는 법

잎과 잎 사이가 짧고 빽빽하며 식물의 키가 작다. 잎 색은 짙고 선명하며, 품종의 특징이 잘 드러나 있다. 위로 자라는 종류는 밑동이 흐느적거리지 않는다.

나쁜 모종 구별하는 법

줄기가 호리호리하고 잎이 듬성듬성 났다. 볕이 안 들고 통풍이 되지 않는 환경에서는 잎이 바깥쪽으로 많이 벌어지고 색도 옅어진다.

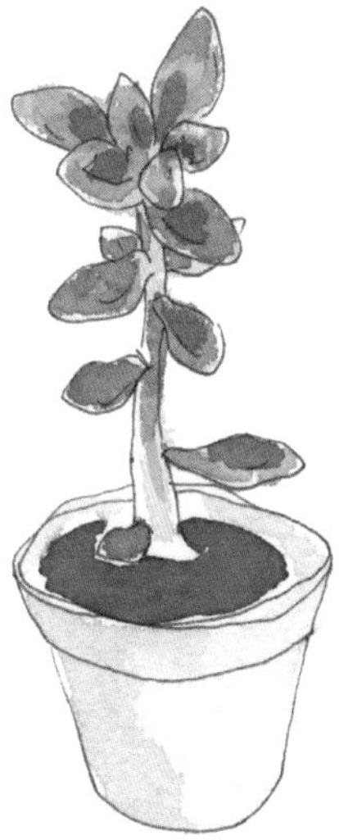

양지바른 매장에 진열된 발색이 좋고 다부진 식물을 고른다

화원에 줄지어 늘어선 다육식물 중에서 좋은 것을 고르는 몇 가지 포인트가 있다. 먼저 판매하는 곳의 환경, 그리고 잎의 색깔과 모양, 포기가 단단한 정도이다. 햇빛과 통풍이 부족한 환경에서는 다육식물이 웃자라게 되고, 잎과 새싹의 색깔이 옅어져서 본래의 예쁜 색이 나타나지 않으며, 몸체도 가늘고 힘이 없어 보인다. 한번 이런 상태가 되면 원래대로 회복되지 않으므로 웃자란 모종을 고르지 않도록 주의한다. 볕이 잘 드는 곳에 있는 화원을 찾아 모종 고르는 재미를 즐겨보자.
만일 키우다가 웃자라게 되면 마디 사이가 촘촘한 부분까지 잘라낼 필요가 있다.

저자의 플랜트숍에서 판매하는 다육식물 모아심기. 소품과 함께 장식하여 자연스러운 분위기를 연출했다.

5

May

선물하기 좋은 모아심기, 마스터하고 싶은 기프트 스타일링

생일이나 결혼식 같은 기쁜 날,
소중한 사람에게 선물하고 싶은 다육식물 모아심기.
마음을 담아 세상에서 하나뿐인 선물을 만들어보자.

May. a. 들꽃처럼 아름답게 어우러진 다육식물 바구니

마음을 담아 만드는 다육식물 모아심기 선물

모아심기에 익숙해지면 소중한 사람에게 선물할 하나뿐인 화분 만들기에 도전해보자. 다른 화초에 비해 물 주는 빈도가 낮고 병해충의 발생도 적은 다육식물은 원예 초보자도 관리하기 쉽고 키우기 수월한 식물이다. 수수한 스타일, 화려한 부케 모양, 보석상자를 활용한 디자인 등, 늘 가까이 두고 장식하기 좋은 멋진 모아심기를 만들어본다.

잡화점에서 발견한 핀란드 스타일의 바구니를 사용해서, 감사의 마음을 전하고 싶은 친구에게 부담 없이 건네기 좋은 선물을 만들었다. 밝은 초록색과 연두색 다육식물로 5월의 아름다운 신록을 표현했다. 바구니를 손에 들고 피크닉 가고 싶어질 만큼 밝은 분위기로 완성했다.

주인공 식물: 애성
보조 식물: 둥근잎비름

생장해서 줄기가 자라면 가지치기하여 모양을 다듬는다. 자른 줄기는 꺾꽂이도 가능하다. 9~10월경에 포기나누기하여 다시 심어주면 좋다.

May. b. 축복의 마음을 담은 우아한 데커레이션

기품있고 고급스러운 부케 스타일의 모아심기

웨딩 부케를 모티브로 삼아서, 모종 개수를 넉넉하게 사용하여 화려하게 만든다. 빈틈없이 심으면 여유 있게 심었을 때보다 느리게 생장한다. 빽빽하게 심은 만큼 통풍이 잘 안 되기 때문에 과습은 금물이다. 바람이 잘 통하고 양지바른 곳에서 비를 피해 건조하게 관리한다. 줄기가 자라 스타일이 흐트러지면 그때그때 잘라서 모양을 다듬는다.

주인공 식물: 특엽옥접
보조 식물: 데비

여름에 무름병이 걱정된다면 7월 상순에 다시 심어도 좋다. 한 포기 줄여서 심으면 여유가 생겨서 통풍이 잘 된다.

May. | c.

세련된 보석상자를 재현한 선물

테이블 위에 장식하고 싶은 조그만 보석상자

사랑하는 연인에게 주고 싶은 세련된 다육식물 보석상자다. 빛을 받으면 렌즈처럼 반짝반짝 빛이 나는 하워르티아 청운무가 주인공이다. 사용한 모종은 세 그루로 적은 편이지만, 앞쪽으로 늘어뜨린 러브체인금의 기다란 줄기가 화려함을 연출한다. 청운무와 러브체인금은 야외에서 직사광선을 받으면 잎이 화상을 입기 때문에 통풍이 잘되는 반그늘에서 관리한다.

주인공 식물: 청운무
보조 식물: 러브체인금

볕이 잘 드는 실내에서도 재배할 수 있지만, 고온과 무름에 취약하므로 한여름에는 되도록 서늘한 환경에 둔다. 직사광선을 피해 커튼 등으로 빛을 부드럽게 해주고, 물은 최소한으로 준다.

May.

a.

모아심기 재료와 방법

Layout.

Plants.

a. **녹초롱**(대엽환엽만년초)
Sedum tetractinum
돌나물과 돌나물속

b. **윤회**
Cotyledon orbiculata
돌나물과 코틸레돈속

c. **세덤 멕시카눔**
Sedum mexicanum
돌나물과 돌나물속

d. **그린에또**
Villadia batesii
돌나물과 빌라디아속

e. **둥근잎비름**
Sedum makinoi
돌나물과 돌나물속
★대체 가능 식물 = 돌나물

f. **애성**(언성)
Crassula rupestris f.
돌나물과 대구돌나물속
★대체 가능 식물 = 루페스트리

g. **리틀잼**
Sedum 'LittleGem'
돌나물과 돌나물속

h. **은전**
Crassula mesembryanthemoides
돌나물과 대구돌나물속

i. **웅동자**
Cotyledon tomentosa ssp. Ladismithensis
돌나물과 코틸레돈속

j. **군작**
Pachyphytum hookeri
돌나물과 파키피툼속

Pot.

엮어 짠 바구니:
폭 210 × 깊이 170 × 높이 140mm
(손잡이까지의 높이 230mm)
뿌리썩음병 예방약

심는 방법

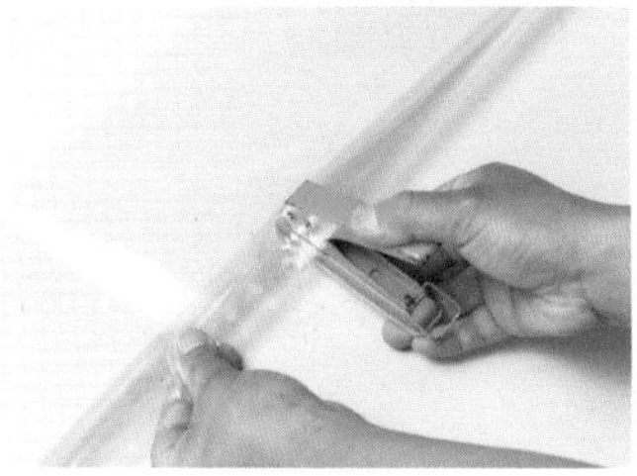

1 비닐 시트를 말아서 펀치기로 용기 바닥이 될 부분에 구멍을 뚫는다.

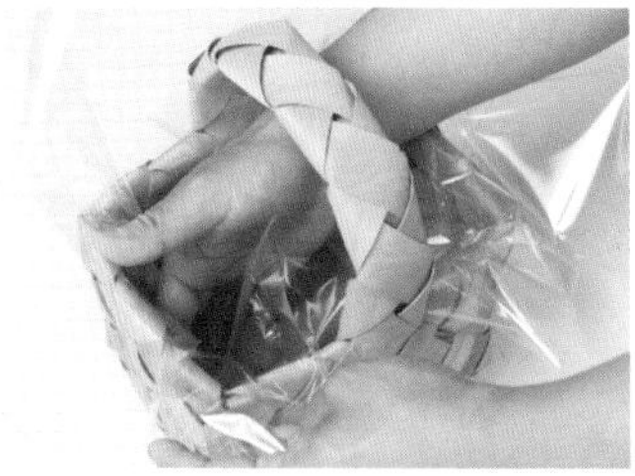

2 ①을 바구니 중앙에 펼친다.

3 바구니의 1/10 높이까지 배수용 돌을 넣는다.

4 그 위에 흙을 바구니의 80%까지 채운다.

5 바구니 위로 올라온 시트를 가위로 잘라준다.

6 바구니 좌측 뒤쪽에 두 포기로 나눈 은전을 심고 줄기는 가장자리로 기울인다.

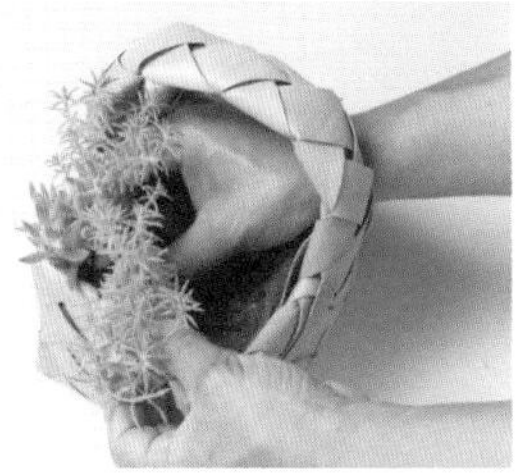

7 ⑥의 앞쪽에 포기나누기한 세덤 멕시카눔을 심고 줄기를 바깥으로 늘어뜨린다.

8 두 개로 나눈 녹초롱을 ⑦의 오른쪽에 ⑦보다 조금 높게 심는다.

9 세덤 멕시카눔 오른쪽에 포인트인 군작을 수직으로 심는다.

10 두 개로 포기나누기한 그린에또를 ⑦의 앞에 심는다. 줄기는 가장자리로 기울여 바깥으로 늘어뜨린다.

11 리틀잼을 두 포기로 나누어 좌측 앞쪽에 심고 줄기는 화분 앞으로 늘어뜨린다.

12 앞쪽에 웅동자를 심는다.

13 손잡이 밑에 둥근잎비름을 심고 줄기는 앞으로 빼낸다.

14 나머지 둥근잎비름을 앞쪽에 심고 줄기를 앞으로 길게 늘어뜨린다.

15 손잡이 밑에 포기를 나누고 남은 세덤 멕시카눔을 심는다.

16 포기나누기하고 남은 그린에또를 중앙에 수직으로 심는다.

17 포기나누기하고 남은 은전을 둥근잎비름 뒤에 앞쪽으로 기울이면서 심는다.

18 ⑰의 오른쪽에 포기를 나눈 녹초롱을 심는다. 모종은 가장자리로 기울인다.

19 ⑱의 뒤에 애성을 심는다. 수직으로 ⑰, ⑱보다 높게 심는다.

20 ⑲의 뒤에 윤회를 심는다.

21 ⑳의 오른쪽에 리틀잼, 오른쪽 뒤에 나머지 둥근잎비름을 심는다.

point. 1 가벼운 경량토와 돌을 사용한다

등나무나 목제 바구니를 화분으로 사용할 때는 곧바로 흙을 넣으면 썩기 쉬우므로 배수용 물구멍을 뚫은 비닐을 깐 뒤에 심는다. 여기서 사용한 바구니처럼 견고하지 않은 용기에 심을 때는 가벼운 성질의 돌과 흙을 사용하여 되도록 무겁지 않게 만드는 것이 좋다.

완성!

May. | b.

모아심기 재료와 방법

Layout.

Plants.

a. **특엽옥접**(톱시터비)
Echeveria runyonii 'Topsy Turvy'
돌나물과 에케베리아속
★대체 가능 식물 = 릴리시나

b. **데비**
x *Graptoveria* 'Debbie'
돌나물과 그랍토베리아속
★대체 가능 식물 = 핑크프릴

c. **초연**
Echeveria 'Huthspinke'
돌나물과 에케베리아속

d. **블루엘프**
Echeveria 'Blue Elf'
돌나물과 에케베리아속

e. **오팔**(천우학)
Echeveria 'Opal'
돌나물과 에케베리아속

f. **서리의아침**(상조)
x *Pachyveria* 'Exotica'
돌나물과 파키베리아속

g. **루비네크리스**(진주목걸이)
Othonna capencis 'Ruby'
국화과 오토나속

h. **성왕자**
Crassula conjuncta
돌나물과 대구돌나물속

i. **실버스푼**(은세무리아)
Kalanchoe bracteata
돌나물과 칼랑코에속

j. **용월**
Graptopetalum paraguayense
돌나물과 그랍토페탈룸속

Pot.

무늬가 들어간 테라코타 화분:
지름 230 × 높이 180mm

심는 방법

1 화분 깔망을 넣고 화분의 1/10 높이까지 배수용 돌을 넣는다. 흙은 80%까지 채운다.

2 화분 좌측 뒤쪽에 초연을 심는다. 모종은 가장자리로 기울인다.

3 ②의 앞에 실버스푼과 포기나누기한 루비네크리스를 심는다. 줄기는 바깥으로 늘어뜨린다.

4 화분 좌측 정면에 보조 식물인 데비를 심는다. 모종은 앞쪽으로 기울인다.

5 중앙에 서리의아침을 수직으로 심어준다. 정면에 루비네크리스를 심고 줄기는 앞쪽으로 늘어뜨린다.

6 서리의아침 앞에 포기나누기한 성왕자를 심어 잎의 색깔과 모양에 대비를 준다.

7 우측 앞쪽으로 특엽옥접과 용월을 심는다. 용월은 바깥으로 늘어뜨려 역동적인 느낌을 연출한다.

8 우측 뒤쪽에 오팔을 심는다. 그 왼쪽에 블루엘프를 바깥으로 기울이면서 심는다.

9 중앙 뒤쪽에 나머지 성왕자를 심는다.

point. 1 색깔과 모양의 대비로 풍성함을 살린다

부케처럼 보이려면 화분 가장자리에 심은 모종을 살짝 바깥쪽으로 기울이고, 가운데 쪽에 키가 큰 식물을 심거나 표면의 흙을 돋워 높여준다. 줄기를 늘어뜨리는 루비네크리스와 위로 생장하는 성왕자는 메인 소재인 에케베리아 품종의 틈을 메우듯이 배치하여 잎의 색깔과 모양을 대비시킨다.

완성!

May. | c.

모아심기 재료와 방법

Layout.

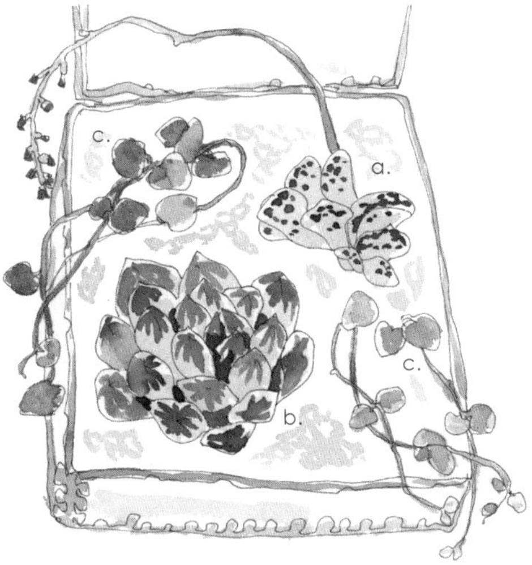

Plants.

b. 청운무
Haworthia cooperi var. cooperi
백합과 하워르티아속
★대체 가능 식물 = 옥록*

c. 러브체인금
Ceropegia woodii f. variegata
협죽도과 케로페기아속
★대체 가능 식물 = 루비네크리스

a. 천금장
Adromischus cooperi 'Tenkinshou'
돌나물과 아드로미스쿠스속

Pot.

유리 보석상자: 폭 90 × 깊이 90 × 높이 90mm
다육식물용 배양토 / 뿌리썩음병 예방약

* 옥록 *Haworthia* 'Tamamidori' 백합과 하워르티아속

심는 방법

1 용기 바닥에 뿌리썩음병 예방약을 넣는다.

2 다육식물용 흙을 용기의 80%까지 채운다.

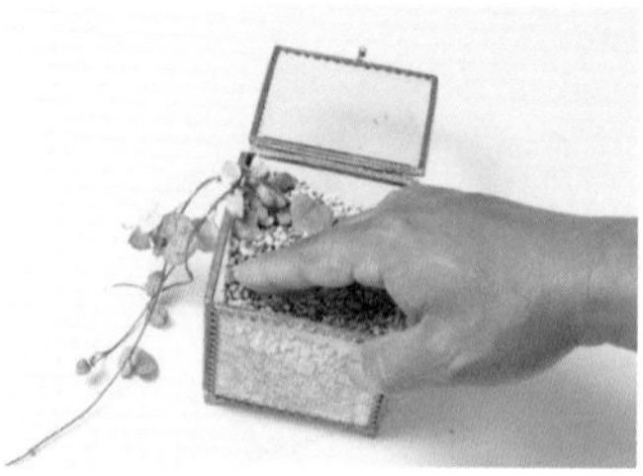

3 중앙 뒤쪽에 두 개로 포기를 나눈 러브체인금을 심는다.

4 좌측 앞쪽에 주인공인 청운무를 살짝 앞으로 기울여 심는다.

5 우측 뒤쪽에 천금장, 그 앞에 남은 러브체인금을 심는다.

완성!

point. 1 측면에서 바라보는 모습도 신경 써서 심는다

실내에 둔다고 가정하고, 어느 방향에서 바라봐도 예쁘게 보이도록 옆면의 모양새를 신경 쓰면서 심었다. 투명한 유리 용기에 작은 모아심기를 만들 때는 안이 들여다보이는 점을 고려해서 보기 좋은 흙을 선택한다. 이번에는 소립 사이즈로 배합한 선인장 · 다육식물용 배양토를 사용했다.

column

C

개성 강한 변종도 모두 한 가족

조금은 기괴하고 개성 넘치는 철화종과 가시 돋친 선인장.
이들도 모두 다육식물의 일종이다.

선인장은 다육식물의 한 종류

다육식물은 두꺼운 뿌리와 잎, 줄기에 물을 저장할 수 있는 기능이 있어서 건조한 환경에서 잘 견디는 식물을 말한다. 북미와 남미의 사막지대가 원생지인 선인장도 다육식물의 일종이다. 선인장과는 200속(屬)이나 되는 방대한 식물군으로, 그 종류가 2,500여 종에 이른다. 그래서 다른 다육식물과 별개로 취급하는 경우가 많다. 기둥 모양, 부채 모양, 공 모양 등 형태와 색깔, 가시의 상태까지 셀 수 없이 다양하다.

난봉옥

내리옥

노수락

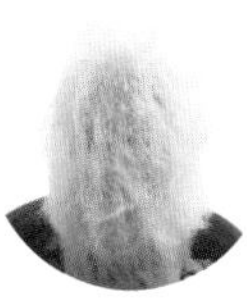

광산

철화(또는 석화)란 무엇인가?

식물은 본래 성장점을 중심으로 위를 향해 생장하지만, 돌연변이에 의해 성장점이 수평 방향으로 발달하게 된 것을 철화(綴化)라고 한다. 철화된 다육식물은 본래의 형태와 달리 그 모습이 매우 재미있고 개성이 넘친다. 강렬한 인상을 주기 때문에 포인트로 활용하면 효과적이다. 이 책에서 사용한 철화종은 85쪽의 썬버스트철화와 65쪽의 몬스트로수스 바리에가타, 여우꼬리철화 등이다.

철화종
몬스트로수스 바리에가타

철화종
여우꼬리철화

가시가 있지만 선인장은 아닌 것

용설란과(科) 식물인 오색만대와 알로에속 불야성* 등의 일부 다육식물에는 선인장처럼 가시가 있다. 그리고 대극속 식물인 홍채각*과 바리다* 등은 생김새까지 선인장과 매우 비슷하다. 선인장 가시는 솜 같은 것이 붙어있는 가시 자리에서 나오지만, 다육식물은 가시 자리가 없다는 점이 가장 큰 차이다.

오색만대

불야성

* **불야성** *Aloe mitriformis* 'Variegata' 백합과 알로에속
* **홍채각** *Euphorbia enopla* 대극과 대극속
* **바리다** *Euphorbia valida* 대극과 대극속

6

June

여름을 맞아 도전해보는 선인장 모아심기

선인장은 상당히 종류가 많은 식물군으로,
그 수는 약 200속, 수천 종(種)에 이른다.
더위가 찾아오는 이 계절에
개성 강한 선인장에 도전해보자.

Jun. a. 흰 선인장으로 연출하는 프렌치 쉐비 스타일

하얀 선인장을 조합한 빈티지풍 모아심기

선인장은 다육식물의 하나다. 생육기인 봄과 가을에는 실외에서 직사광선을 자주 쬐어주고, 한여름에는 강한 직사광선과 석양볕을 피해 밝은 반그늘에 두고 키운다. 추위에 취약하므로 겨울에는 실내의 창가에 두고 감상한다. 봄가을에는 햇볕을 많이 쬐어주고 바짝 마르지 않을 만큼 물을 주면서 관리하면 잘 자란다.

야성미가 돋보이기는 하지만, 어떤 선인장을 고르느냐에 따라 우아한 분위기를 만들어낼 수도 있다. 장식품으로 쓰기 좋은, 굽 있는 화분에 흰색 품종만 조합해서 모아심기를 완성했다. 긴 가시와 새끼그루가 잔뜩 달린 귀여운 백옥토, 표면에 흰 반점이 있고 가시가 없는 난봉옥과 골구갑난봉옥, 부드러운 털로 뒤덮인 여광전, 흰 겉가시(중앙 가시를 껍질처럼 싸고 있는 펄프질의 가시)에 싸인 내리옥을 사용했다. 각각의 개성을 즐길 수 있는 하나뿐인 화분을 직접 체험해보자.

주인공 식물: 난봉옥
보조 식물: 내리옥

여름 다육식물의 특징	여름에는 강한 빛을 좋아하는 알로에, 파키포디움, 유포르비아(Euphorbia), 산세베리아(Sansevieria) 등을 많이 볼 수 있다. 고온다습한 여름 날씨에 잘 견디는 식물로 아름다운 초록빛을 즐겨보자. 에케베리아와 크라술라, 세덤, 그랍토페탈룸 등도 나오기는 하지만 봄이나 가을보다는 그 수가 많지 않다.

선인장의 생장은 다른 다육식
물에 비하면 다소 느린 편이
다. 성장 속도를 관찰하면서
용기가 좁아지면 이듬해 봄에
다시 심어준다.

Jun. b.

남성적인 스타일링의 모아심기

디자인이 비슷한 항아리 안에서
더욱 돋보이는 각각의 개성

동그란 것, 길쭉한 것, 나풀나풀 흰 털이 귀여운 것, 생김새가 기묘한 것 등 마음에 드는 미니 선인장을 앤티크 항아리에 하나씩 따로 심어서 꾸민다. 항아리에는 물구멍이 없으므로 물뿌리개를 이용하여 조금씩 주거나 분무기로 물을 뿜어준다. 특히 기온이 높은 8월에는 흙이 항상 젖어있으면 뿌리가 썩기 때문에 주의가 필요하다.

주인공 식물: 백성, 노수락
보조 식물: 백운환, 립살리스

선인장의 모양과 크기의 차이를 관상하는 모아심기다. 투박하고 무심하게 꾸며준다.

Jun. C. 노란색 분재 화분에서 만발하는 선인장의 매력

예술적 감각의 철화 선인장에 고전적인 감성을 담다

몬스트로수스 바리에가타와 여우꼬리철화. 언뜻 기괴해 보이는 철화 선인장과 노란색 분재 화분을 결합했더니 의외로 잘 어울린다. 여기에 두 그루의 금황환을 곁들여서 노란색과 초록색이 조화롭게 어우러진다. 오른쪽 앞부분에 흰 고사로 포인트를 주어서 고전적인 감성이 느껴지는 모아심기가 완성되었다.

주인공 식물: 몬스트로수스 바리에가타
보조 식물: 금황환

하루 6시간 이상 직사광선이 내리쬐는 장소에서 관리하는 것이 가장 좋다. 봄가을에는 흙 표면이 하얗게 마르고 2~3일 뒤에 물을 준다. 한여름에는 한 달에 1~2회 시원한 날에 준다.

Jun.

a.

모아심기 재료와 방법

Layout.

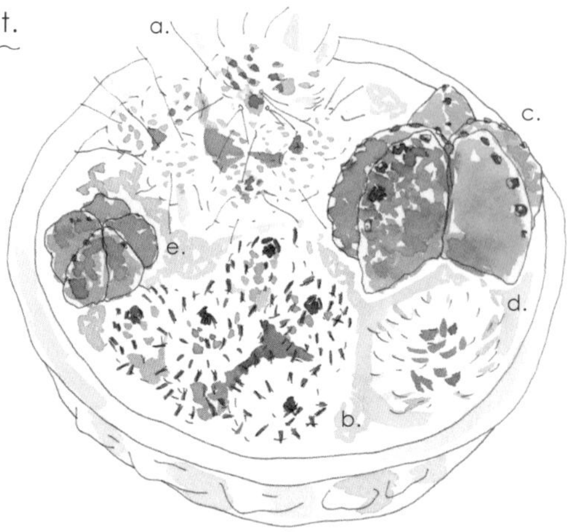

Plants.

a. **백옥토**
Mammillaria geminispina
선인장과 마밀라리아속

b. **내리옥**
Mammillaria dealbata
선인장과 마밀라리아속
★대체 가능 식물 = 월세계*

c. **난봉옥**
Astrophytum myriostigma
선인장과 아스트로피툼속
★대체 가능 식물 = 투구*

d. **여광전**
Mammillaria guelzowiana
선인장과 마밀라리아속

e. **골구갑난봉옥**
Astrophytum myriostigma var. strongilogonum
선인장과 아스트로피툼속

Pot.

무늬가 있는 굽 높은 테라코타 화분:
지름 250 × 높이 90mm
(굽을 포함한 높이: 160mm)
다육식물용 배양토

* **월세계** *Epithelantha micromeris* 선인장과 에피텔란타속
* **투구** *Astrophytum asterias* 선인장과 아스트로피툼속

심는 방법

1 화분 깔망, 배수용 돌, 다육식물용 흙을 넣은 다음, 중앙 뒤쪽에 백옥토를 심는다.

2 왼쪽 앞에 내리옥을 심는다. 키 작은 모종이 앞을 향하도록 배치한다.

3 우측 뒤쪽에 난봉옥을 심는다.

4 내리옥 바로 옆에 골구갑난봉옥을 심는다.

5 우측 앞쪽에 여광전을 심는다. 모두 수직으로 심어 모종 자체의 키 차이로 입체감을 표현한다.

완성!

point. 1 개성을 끌어내는 단색 코디네이션

흰색 계열 품종을 모아 단색으로 통일함으로써 털로 뒤덮인 모양, 새끼를 친 모습, 가시가 없는 형태까지 각각의 특색을 강조할 수 있다. 모아심기의 핵심인 백옥토와 난봉옥, 내리옥의 자리를 가장 먼저 결정하고, 그 사이사이에 작은 선인장을 배치한다.

Jun. | b.

모아심기 재료와 방법

Layout.

Plants.

a. 립살리스 캐필리포미스
Rhipsalis capilliformis
선인장과 립살리스속
★대체 가능 식물 = 백단*

b. 노수락
Espostoa ritteri
선인장과 에스포스토아속
★대체 가능 식물 = 환락(幻樂)*

c. 광산
Leuchthenbergia principis
선인장과 레우크텐베르기아속

d. 백운환
Mammillaria crucigera
선인장과 마밀라리아속
★대체 가능 식물 = 오월환*

e. 테레사에
Mammillaria theresae
선인장과 마밀라리아속

f. 백성(깃털 선인장)
Mammillaria plumosa
선인장과 마밀라리아속
★대체 가능 식물 = 옥옹*

Pot.

앤티크 항아리 6개:
심는 부분의 지름 35~50 × 높이 100~120mm
다육식물용 배양토 / 뿌리썩음병 예방약

* 백단 *Echinopsis chamaecereus* 선인장과 에키놉시스속
* 환락 *Espostoa melanostele* 선인장과 에스포스토아속
* 오월환 *Epithelantha micromeris* ssp. *unguispina* 선인장과 에피텔란타속
* 옥옹 *Mammillaria hahniana* 선인장과 마밀라리아속

심는 방법

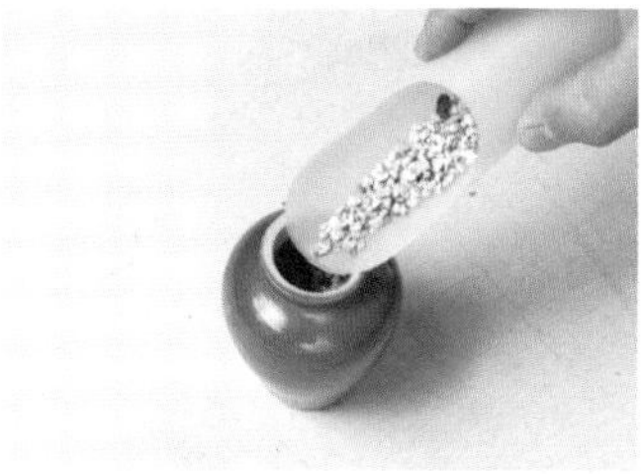

1 용기의 1/3 높이까지 선인장 전용 흙을 넣는다.

2 뿌리썩음병 예방약을 넣는다.

3 모종을 넣고 모종과 용기 틈새로 흙을 넣은 뒤에 가는 막대를 꽂아 흙을 잘 고른다.

4 뿌리가 큰 것은 심기 전에 흙을 털어낸다.

5 선인장을 잡을 때는 장갑을 낀다. 가시가 없으면 맨손으로 작업해도 된다.

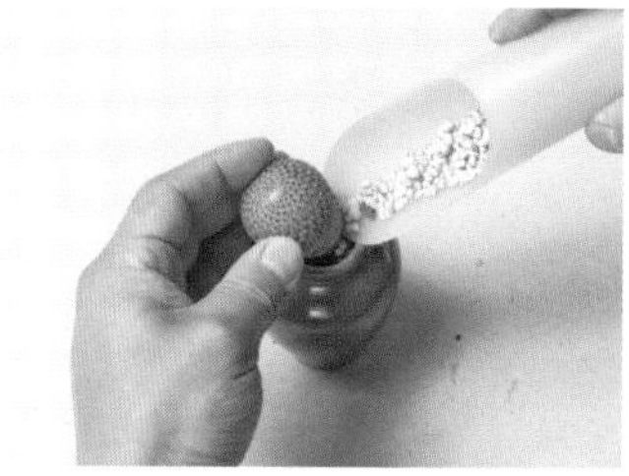

6 모종을 살짝 들어 올려 회분 틈으로 흙을 넣는다.

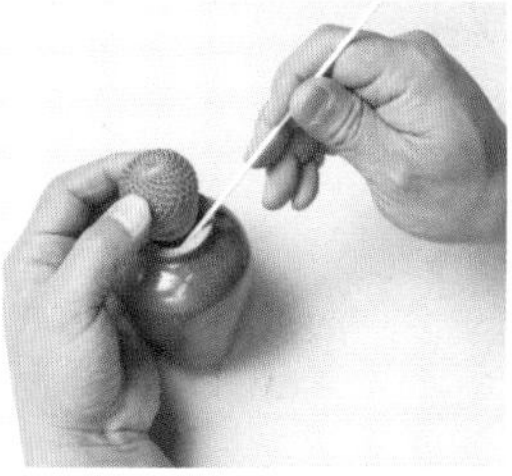

7 ③과 마찬가지로 가는 막대를 꽂아서 흙을 고른다. 뿌리를 다치지 않도록 주의한다.

완성!

point. 1 선인장 분갈이 테크닉

용기 안이 선인장 뿌리로 꽉 차면 뿌리에 붙은 흙을 살살 풀어서 털어낸다. 뿌리가 너무 많이 자랐다면 1/3 정도 가위로 잘라도 된다. 이때 곧바로 심지 말고 하루이틀 두었다가 자른 부위가 마른 뒤에 심어준다.

Jun. | c.

모아심기 재료와 방법

Layout.

Plants.

a. 몬스트로수스 바리에가타
Cereus peruvianus f. monstrosus variegate
선인장과 케레우스속
★대체 가능 식물 = 금사자*

b. 여우꼬리철화
Hildewintera aureispina f. Cristata
선인장과 클레이스토칵투스속

c. 금황환
Eriocactus leninghausii
선인장과 에리오칵투스속
★대체 가능 식물 = 금성환*

d. 고사
Mammillaria bocasana
선인장과 마밀라리아속

Pot.

분재 화분: 폭 230 × 깊이 230 × 높이 90mm
(굽을 포함한 높이 110mm)

* **금사자** *Cereus variabilis f. monstrosus* 선인장과 케레우스속
* **금성환** *Echinopsis calochlora* 선인장과 에키놉시스속

심는 방법

1 화분 안에 깔망을 넣는다.

2 화분의 1/5 높이까지 배수용 돌을 넣는다.

3 화분의 80% 높이까지 흙을 채운다.

4 좌측 뒤쪽에 두 그루의 몬스트로수스 바리에가타 중 한 그루를 심는다.

5 좌측 앞쪽에 나머지 한 그루를 앞으로 살짝 기울이면서 심는다.

6 우측 뒤쪽에 여우꼬리철화를 심는다.

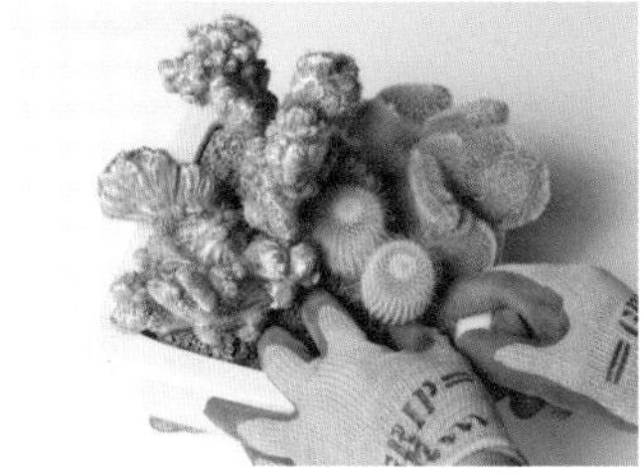

7 금황환 두 그루 중에서 큰 것을 화분 가운데에 심는다.

8 ⑦의 바로 앞에 나머지 금황환 한 그루를 앞쪽으로 살짝 기울이면서 심는다.

9 오른쪽 맨 앞에 고사를 심는다.

완성!

point. 1 배치한 뒤에는 흙과 모종을 잘 고른다

선인장의 가장 큰 특징은 바로 가시다. 끝이 뾰족한 것도 있고 가시가 잘 떨어져서 찔리기 쉬운 것도 있으므로 작업할 때는 반드시 장갑을 낀다. 모종을 심고 나면 막대기로 가볍게 흙을 쿡쿡 찔러준다. 흙과 뿌리가 어우러져 모종을 확실하게 고정할 수 있다.

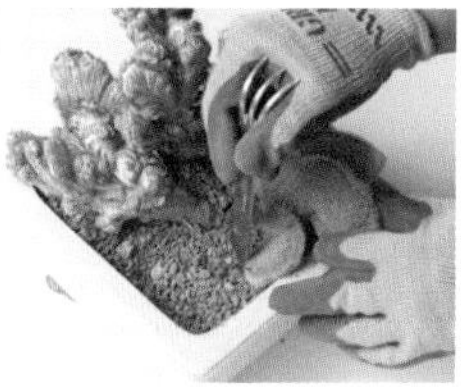

7

July

시원함을 더하는 유리 용기 모아심기로 여름날을 만끽하다

본격적인 여름이 찾아왔다.
무더운 여름이 조금이나마 시원하게 느껴지도록
유리 용기에 모아심기를 만들었다.
집에 있는 식기나 화병을 사용해도 좋다.

Jul. a. 변함없이 오래 즐길 수 있는 용설란의 매력

물구멍이 없는 용기에 만든 모아심기는 물 주는 방법이 포인트

모아심기를 만들 때는 기본적으로 물구멍이 있는 화분을 선택하고, 없으면 되도록 구멍을 뚫어서 사용한다. 이번 달의 테마인 유리 용기처럼 구멍을 뚫을 수 없는 경우에는 심기 전에 뿌리썩음병 예방약을 넣어서 대비한다. 구멍이 없는 용기는 물 주는 방법이 중요하다. 습한 상태가 지속되지 않도록 흙이 마르고 2~3일 뒤에 충분히 젖을 만큼 물을 준다.
용설란을 주인공으로 한 이번 모아심기에는 투명한 유리 용기를 사용했다. 용기 안에 3개 층으로 쌓아 올린 흙과 자갈은 마치 지층의 단면을 보는 듯하다. 실내에서도 건강하게 자라는 용설란과 하워르티아, 알로에를 한데 모아서 거실 장식용으로 만들었다.

주인공 식물: 오색만대
보조 식물: 만천성

실내에서 관리할 경우, 석양볕이 너무 강한 곳에 두면 용기 인의 온도가 올라간다. 레이스 커튼 등으로 빛을 차단해 적당한 환경을 조성한다.

Jul. b.

센스 만점 모아심기 볼

샐러드 느낌으로 연출한 산뜻한 색감의 다육식물

같은 모양 그러나 다른 색깔의 파이어킹 빈티지 그릇에 초록색과 은색 다육식물을 조화롭게 버무렸다. 모종부터 심는 방법까지 통일해서 연속성이 주는 재미와 귀여운 느낌을 강조한 모아심기다. 연한 색조의 식물을 사용하여 서늘한 인상으로 완성했다. 한번 물을 주고 나면 흙이 완전히 마른 뒤에 다시 물을 준다. 흙이 마르는 주기를 파악해두면 좋다.

주인공 식물: 은파금
보조 식물: 스노우제이드

7월에는 강한 여름 햇빛에 잎이 화상을 입기도 한다. 통풍이 잘되는 반그늘에 두고 온도가 너무 높아지지 않도록 관리한다.

식물의 조형미를 살린 모아심기

유리 화병 안에 꾸민 작은 실험실

두툼하고 안정감이 느껴지는 유리 화병과 세로로 긴 형태에 맞춰 위로 자라는 다육식물을 골랐다. 나뭇가지와 온도계 등으로 장식해 과학 실험실 같은 분위기를 즐긴다.
모종이 생장하여 줄기가 무성해지면 용기 안이 비좁아져 무름병이 생길 우려가 있다. 늘어난 줄기는 밑동 부분을 잘라서 개수를 줄이고 화병 안에 공간을 만들어준다.

주인공 식물: (오른쪽) 도리안 플레이크, (왼쪽) 명월
보조 식물: (오른쪽) 은전, (왼쪽) 천구지무

알로에는 어미그루 주위에서 새끼 그루가 자란다. 유리에 닿을 만큼 자라면 초가을 무렵에 포기나누기한다.

Jul.

a.

모아심기 재료와 방법

Layout.

Plants.

a. 알로에 노빌리스 금
Aloe nobilis. variegata
백합과 알로에속

b. 오색만대
Agave lophantha f. quadricolor
용설란과 용설란속
★대체 가능 식물 = 세설*

c. 만천성
x *Gasteraloe* 'Manten no Hoshi'
백합과 가스테랄로에속
★대체 가능 식물 = 천대전금(千代田錦)*

d. 구륜탑
Haworthia reinwardtii var. chalwinii
백합과 하워르티아속

Pot.

사각 유리 화병:
가로 140 × 세로 140 × 높이 140mm
경석 / 자갈 / 적옥토 소립 / 뿌리썩음병 예방약

* **세설** *Agave victoriae - reginae* 용설란과 용설란속
* **천대전금** *Aloe variegata* 백합과 알로에속

심는 방법

1 용기 바닥에 경사가 생기도록 두께를 조절하면서 경석과 자갈을 넣는다.

2 ①의 위에 용기의 80% 높이까지 적옥토를 채운다.

3 좌측 앞쪽에 오색만대를 심는다. 모종은 용기 모서리에 맞추고 가장자리로 기울인다.

4 오색만대 오른쪽에 만천성을 심는다. 모종은 용기 모서리에 맞춰서 가장자리로 기울이고, 잎을 바깥으로 꺼낸다.

5 우측 뒤쪽에 알로에 노빌리스 금을 심는다.

6 중앙 뒤쪽에 구륜탑을 심는다.

완성!

point. 1 뿌리가 굵은 식물 옮겨심는 법

용설란속 식물처럼 뿌리가 굵은 다육식물은 화분에서 꺼내어 뿌리가 잘리지 않도록 조심하면서 오래된 흙을 충분히 털어내고 옮겨심는다. 용설란은 꽤 튼튼한 식물이지만 뿌리가 마르는 것을 싫어하므로 빠르게 작업한다. 하워르티아속 및 세네키오속 식물도 마찬가지다.

point. 2 자갈과 흙으로 표현하는 지층

흙을 보여주는 작품으로, 경석과 자갈, 적옥토 소립을 사용한다. 맨 밑에 경석을 3~5cm 깔고 그 위에 자갈을 2~3cm, 마지막으로 적옥토를 넣는다. 지층의 단면처럼 보이도록 경사를 만들어가는 재미가 색다르다. 여분의 물은 제일 아래쪽 경석 부분으로 흐르게 되어 있어 물 빠짐까지 고려한 구조이기도 하다.

Jul.

b.

모아심기 재료와 방법

Layout.

Plants.

a. 무늬돌나물
Sedum makinoi f. variegata
돌나물과 돌나물속

b. 서리의아침(상조)
x Pachyveria 'Exotica'
돌나물과 돌나물속

c. 월토이
Kalanchoe tomentosa
돌나물과 칼랑코에속

d. 백금황성(프로스티)
Echeveria pulvinata 'Frosty'
돌나물과 에케베리아속

e. 카멜레온
Sedum reflexum 'Chameleon'
돌나물과 돌나물속

f. 만보
Senecio serpens
국화과 금방망이속

g. 은파금
Cotyledon undulate
돌나물과 코틸레돈속
★대체 가능 식물 = 윤회

h. 스노우제이드
x Sedeveria 'Yellow Humbert'
돌나물과 세데베리아속
★대체 가능 식물 = 수빙*

i. 골든글로우
Echeveria 'Golden glow'
돌나물과 에케베리아속

Pot.

유리 볼: 지름 160 × 높이 65mm
다육식물용 배양토 / 뿌리썩음병 예방약

* 수빙 *Sedeveria* 'Soft Rime' 돌나물과 세데베리아속

심는 방법

① 뿌리썩음병 예방약, 배수용 돌, 흙을 넣고 좌측 뒤쪽에 서리의 아침을 가장자리로 기울여서 심는다.

② 무늬돌나물의 밑동을 잡고 두 포기로 나눈다.

③ ①의 바로 앞에 포기나누기한 무늬돌나물 한 그루를 가장자리로 기울여서 심는다.

④ ③의 왼쪽에 포기나누기한 카멜레온을, 안쪽으로는 골든글로우를 심는다.

⑤ 좌측 앞쪽에 주인공인 은파금을 심는다. 모종은 가장자리로 기울인다.

⑥ 우측 앞쪽에 스노우제이드, 그 뒤에 나머지 무늬돌나물을 심는다.

⑦ 무늬돌나물 오른쪽에 월토이, 백금황성을 심는다. 월토이는 흙에 수직으로 심는다.

⑧ 중앙 뒤쪽에 남은 카멜레온을 심는다.

⑨ 우측 뒤쪽에 만보를 심는다. 뒤쪽에 심은 모종은 앞에서도 보이도록 기울이지 않는다.

완성!

point. ① 심기 전 자리 결정이 중요!

주인공인 은파금과 포인트 역할을 하는 월토이는 모두 은빛이 도는 식물이다. 잘 보이게 앞쪽과 중앙에 배치한다. 다음으로 주인공을 돋보이게 도와주는 초록빛 스노우제이드를 주인공 오른쪽에 심는다. 같은 초록 계열의 골든글로우는 주인공 좌측 뒤쪽에 심는다. 마지막으로 카멜레온과 무늬돌나물은 식물 사이를 메우듯이 배치한다.

Jul. C.

모아심기 재료와 방법

Layout.

Plants.

a. 녹탑(약록)
Crassula pyramidalis
돌나물과 대구돌나물속

b. 도리안 플레이크
Aloe rauhii 'Dorian Flake'
백합과 알로에속
★대체 가능 식물 = 비취전*

c. 은전
Crassula mesembryanthemoides
돌나물과 대구돌나물속
★대체 가능 식물 = 프로이노사

d. 기천
Crassula 'Moon Glow'
돌나물과 대구돌나물속

e. 녹태고
Xerosicyos danguyi
박과 크세로시키오스속

f. 천구지무(천구지묘)
Crassula rubricaulis
돌나물과 대구돌나물속

g. 희어소금
Adromischus trigynus
돌나물과 아드로미스쿠스속

h. 명월
Sedum adolphii 'Golden Glow'
돌나물과 돌나물속
★대체 가능 식물 = 리틀뷰티

Pot.

유리화병 2개: 지름 185 × 높이 250mm(캘리코하트)
나뭇가지 2개 / 장식용 온도계 /
다육식물용 배양토 / 뿌리썩음병 예방약

* **비취전** *Aloe squarrosa* 백합과 알로에속

심는 방법

① 용기의 1/3 높이까지 흙을 채우고 뿌리썩음병 예방약을 넣은 뒤 나뭇가지를 뒤쪽에 꽂는다.

② 나뭇가지 바로 옆에 녹태고를 심고 나뭇가지를 지지대 삼아 세워준다.

③ 좌측 앞쪽에 천구지무를 심는다.

④ 천구지무 오른쪽에 명월을 심는다.

⑤ 앞쪽으로 키가 가장 작은 희어소금을 심는다.

완성!

point. ① 최소한의 모종으로 단순하게 구성

양쪽 모두 키가 큰 것, 중간인 것, 작은 것을 골고루 준비해서 심을 자리를 정한다. 공간을 확보하기 어려운 용기에는 최소한의 모종으로 단순하게 구성하면 작업이 수월해지고, 완성 후에도 모든 모종의 존재감이 제대로 드러난다.

point. ② 나뭇가지로 연출하는 통일감과 역동성

다육식물만으로는 원하는 느낌을 내기 어려울 때 나뭇가지 등을 사용하면 분위기가 살아나서 재미있는 작품을 만들 수 있다. 이 모아심기에서는 오른쪽 화병에 짧은 나뭇가지, 왼쪽 화병에 활처럼 휜 기다란 나뭇가지를 사용했다. 두 모아심기에 통일감을 연출하고 전체적으로 역동적인 느낌까지 더했다.

8

August

한여름 창가에서 감상하는 개성 만점 다육식물 미니 정원

기온은 물론이고 습도까지 높은 한여름은
사람에게나 다육식물에게나 몹시 힘든 계절이다.
창가에 두고 실내에서 관상하기 좋은
시원한 느낌의 모아심기를 엄선했다.

Aug. a. 날카로움이 살아있는 쿨한 디자인

초록색 다육식물로 여름 창가를 상쾌하게

폭염이 이어지는 8월에는 정원을 돌보는 시간마저 줄어들게 마련이다. 한여름의 강렬한 햇빛은 다육식물에도 손상을 입힌다. 이 시기에는 직사광선이 닿지 않는 처마 밑이나 실내에서 관리하는 것을 추천한다. 이번 달에는 실내에서 관상하기 좋은 모아심기를 만들었다.
날카로운 생김새가 특징인 미카도와 프랜시를 주인공으로 한 산세베리아 모아심기다. 좁고 길쭉한 낙소분을 사용하여 산세베리아의 형태를 강조했다. 식물과 화분 높이의 황금비율은 화분을 1로 했을 때 식물 1.5~2 정도이다. 이 비율을 지키면 단순한 모아심기도 보기 좋게 완성된다. 산세베리아는 건조에 강하고 튼튼해서 모아심기 초보자에게 추천하는 품종이다. 크기가 다른 화분 두 개를 나란히 놓아서 강렬함이 느껴지는 공간을 연출해보자.

주인공 식물: (대) 미카도, (소) 프랜시
보조 식물: (대) 벨라, (소) 십이지권

한여름 석양볕이나 직사광선에 잎이 탈 수 있으니 반그늘에서 관리한다. 십이지권과 녹영금도 마찬가지다. 추위에 약하므로 겨울에는 5℃ 이상인 장소에 둔다.

Aug. b. 조화로운 균형을 중시한 모아심기

다양한 생김새의 하워르티아로 각양각색의 개성을 즐긴다

사시사철 실내 창가에 두고 즐길 수 있는 하워르티아. 그중에서 무늬가 있는 것, 황록색을 띠는 것, 모양이 독특한 것 등 8종류를 골라서 케이크 틀에 모아 심었다.
키우기 쉽고 튼튼하여 일 년 내내 실내 재배가 가능하지만, 생육기인 봄과 가을에는 되도록 비와 직사광선을 피해서 처마 밑에 둔다. 여름에는 실내의 창가에 두고 감상한다.

주인공 식물: (대) 빙사탕금, (소) 신원
보조 식물: (대) 옥로, (소) 소귀희

밝은 창가에서 건조하게 관리한다. 흙이 항상 젖어있으면 뿌리썩음병의 원인이 되어 시들어버리기도 하므로 주의한다.

Aug. | C.

작은 아쿠아리움 속 색다른 즐거움

잠자고 있던 낡은 물건을 되살린 수조풍의 모아심기

레트로 어항에 만든 모아심기다. 수초 대신 다육식물로 작은 아쿠아리움처럼 꾸몄다. 오래된 창고를 찾아보면 낡은 수조나 유리 제품이 있을지도 모른다. 더는 사용하지 않는 낡은 물건을 활용하면 제법 재미있는 모아심기를 만들 수 있다. 청옥은 생장 상태에 따라서 밑동을 잘라 크기를 조절한다.

주인공 식물: 썬버스트철화
보조 식물: 희성

산세베리아를 제외한 나머지 식물은 한여름이 휴면기에 해당하므로 물 주기를 자제하고 건조하게 관리한다. 9월 하순부터 물 주는 양을 늘려간다.

Aug.
a.

모아심기 재료와 방법

Layout.

Plants.

a. **산세베리아 프랜시**(트리스투키)
Sansevieria francisii
백합과 산세베리아속
★대체 가능 식물 = 로부스타*

b. **십이지권**
Haworthia fasciata
백합과 하워르티아속
★대체 가능 식물 = 십이지탑*

e. **미카도스투키**
Sansevieria bacularis
백합과 산세베리아속
★대체 가능 식물 = 스투키*

d. **벨라**
Sansevieria bella
백합과 산세베리아속
★대체 가능 식물 = 파텐스*

c. **녹영금**
Senecio rowleyanus f. variegata
국화과 금방망이속

Pot.

낙소분: (대) 지름 185 × 높이 180mm
(소) 지름 160 × 높이 155mm

* **로부스타** *Sansevieria trifasciata* 'Robusta' 백합과 산세베리아속
* **십이지탑** *Haworthia reinwardtii* var. *archibaldiae* 백합과 하워르티아속
* **파텐스** *Sansevieria patens* 백합과 산세베리아속
* **스투키** *Sansevieria stuckyi* 백합과 산세베리아속

심는 방법

1 화분 안에 깔망을 넣는다.

2 화분의 1/10 높이까지 배수용 돌을 넣는다.

3 화분의 절반 높이까지 흙을 채운다.

4 작은 화분의 좌측 뒤쪽에 프랜시를 흙에 수직으로 심는다.

5 우측 앞쪽에 십이지권을 심는다. 모종은 가장자리로 기울이고 잎은 밖으로 꺼낸다.

6 좌측 앞쪽에 녹영금을 심는다. 줄기는 바깥으로 늘어뜨린다.

7 큰 화분 좌측 뒤쪽에 미카도스투키를 심는다.

8 우측 앞쪽에 벨라를 심는다. 자유분방하게 뻗은 잎이 가장 돋보이는 방향을 찾아서 심는다.

완성!

point. 1 개성 만점 산세베리아 종류

산세베리아는 용설란과 식물로, 아프리카와 남아시아, 마다가스카르를 중심으로 약 70여 종이 분포해 있다. 관엽식물로 인기가 많아서 작품에 사용한 미카도와 프랜시 외에도 다양한 종류가 판매되고 있다. 왼쪽 위부터 시계방향으로 스투키, 프랜시, 슈퍼바, 미카도, 벨라.

Aug. b.

모아심기 재료와 방법

Layout.

Plants.

a. 레티
Haworthia cv.
백합과 하워르티아속

b. 보초
Haworthia cuspidata
백합과 하워르티아속

c. 빙사탕금
Haworthia turgida f. variegate
백합과 하워르티아속
★대체 가능 식물 = 마그니피카*

d. 옥로
Haworthia obtusa var. pilifera
백합과 하워르티아속
★대체 가능 식물 = 옵튜사

e. 옥선
Haworthia truncata
백합과 하워르티아속

f. 옵튜사
Haworthia obtuse
백합과 하워르티아속

g. 백접
Haworthia fasciata f. variegata
백합과 하워르티아속

h. 신원
Haworthia cv.
백합과 하워르티아속
★대체 가능 식물 = 오층탑(백양궁)*

i. 자보
Gasteria bicolor var. liliputana
백합과 가스테리아속
★대체 가능 식물 = 에르네스티미니마*

Pot.

케이크 틀:
(대) 지름 190 × 높이 60mm
(소) 지름 95 × 높이 60mm
뿌리썩음병 예방약 / 은색 말린 이끼

* 마그니피카 *Haworthia magnifica* 백합과 하워르티아속
* 오층탑(백양궁) *Haworthia* 'Manda's Hybrid' 백합과 하워르티아속
* 에르네스티미니마 *Gasteria* 'ERNESTII-MINIMA' 백합과 가스테리아속

심는 방법

1 용기에 흙을 얇게 깔고 뿌리썩음병 예방약을 넣는다.

2 크기가 큰 모종 세 포기부터 심는다. 좌측 뒤쪽에 보초를 심는다.

3 중앙에 빙사탕금을 심고, 좌측 앞쪽에 레티를 심는다.

4 앞쪽에 키가 작은 옥로와 백접을 심는다.

5 백접의 오른쪽에 옥선을 심는다.

6 옥선의 오른쪽 뒤에 옵튜사를 심는다.

7 흙이 보이는 부분에 은색 말린 이끼를 덮어 흙을 가린다.

8 작은 용기에 모아심기를 한다. 왼쪽에 자보를 흙에 수직으로 심는다.

9 오른쪽에 신원을 흙에 수직으로 심는다.

point. 1 색 대비와 높낮이 차이를 고려하여 배치

하워르티아 위주로 구성하되 잎의 모양과 색깔이 모두 다른 종류를 사용했다. 무늬가 있는 것 옆에는 녹색 잎을, 그 옆으로는 라임그린 등을 배치하는 등, 개성이 다른 식물끼리 조합한다. 흙은 평평하게 채우고 식물 자체의 키 차이를 활용한다. 작은 포기는 용기 가장자리나 큰 식물 옆에 두면 자연스러운 분위기가 연출된다.

Aug. C.

모아심기 재료와 방법

Layout.

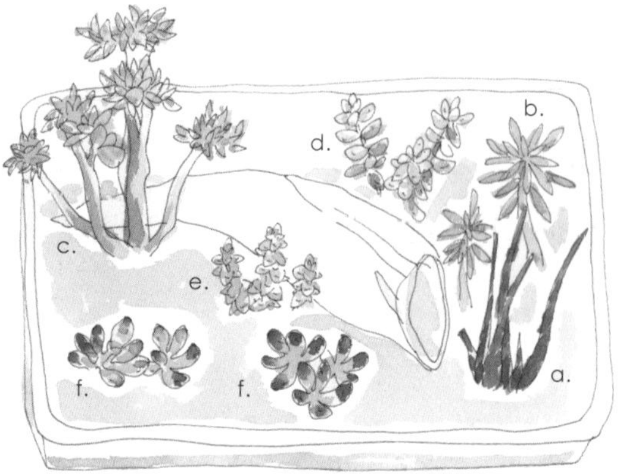

Plants.

a. 미카도스투키
Sansevieria bacularis
백합과 산세베리아속

b. 스프리스 올리버(스프루스 올리버)
Echeveria 'Spruce Oliver'
돌나물과 에케베리아속

c. 썬버스트철화
Aeonium urbicum 'Sunburst' f. *cristata*
돌나물과 아이오니움속
★대체 가능 식물 = 석영

d. 청옥
Sedum burrito
돌나물과 돌나물속

e. 희성
Crassula 'Tom Thumb'
돌나물과 대구돌나물속
★대체 가능 식물 = 무을녀

f. 입전봉
Sinocrassula densirosulata
돌나물과 시노크라술라속

Pot.

어항: 가로 305 × 세로 185 × 높이 200mm
(굽을 포함한 높이 250mm)
나뭇가지 2개 / 산이끼 / 부엽토 / 뿌리썩음병 예방약

심는 방법

1 어항에 흙과 뿌리썩음병 예방약을 넣는다.

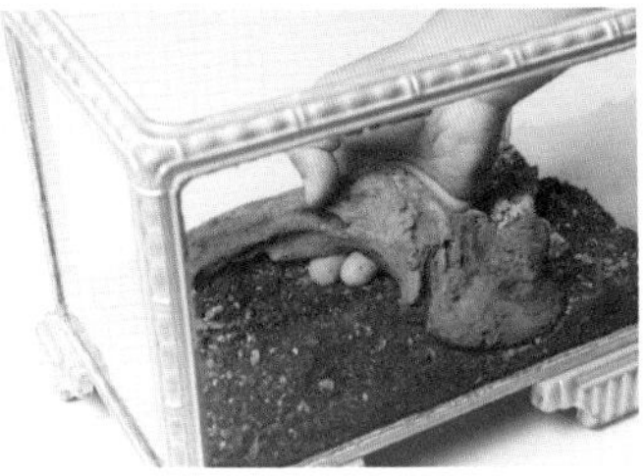

2 모종을 심기 전에 나뭇가지를 배치한다.

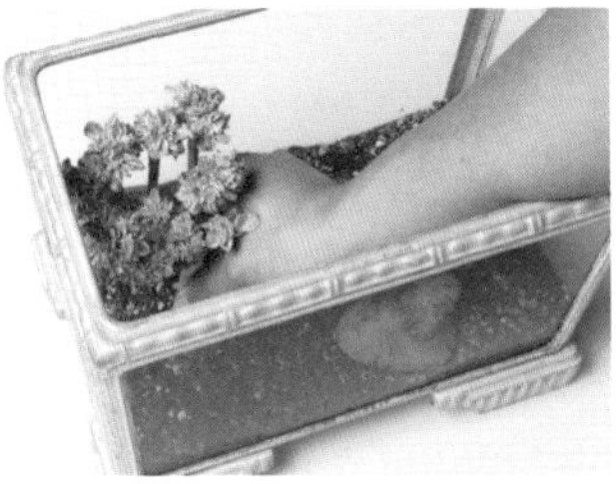

3 어항 중앙 왼쪽에 주인공인 썬버스트철화를 똑바로 심는다.

4 우측 뒤쪽에 스프리스 올리버를 두 포기 심는다. 모종은 살짝 왼쪽으로 기울인다.

5 중앙 뒤쪽에 청옥을 심는다. 안정감이 없으므로 나뭇가지를 지지대로 삼으면 좋다.

6 우측 앞쪽에 미카도스투키를 심어서 청옥의 형태와 대비감을 준다.

7 썬버스트철화의 우측 앞쪽에 희성을 심는다.

8 좌측 앞쪽에 가장 키가 작은 입전봉을 심는다.

9 흙이 드러난 부분에 부엽토와 산이끼를 깔아 흙을 가린다.

완성!

point. 1 풍경을 축소하여 즐기는 작은 정원

전면이 유리로 되어있어 흙이 그대로 드러난다. 흙의 한쪽을 높이고 반대쪽으로는 완만한 경사를 만들어서 자연스러운 느낌을 연출했다. 나뭇가지 덕분에 모아심기의 분위기가 한결 살아나고 식물의 배치를 구상하기도 수월하다. 흙 표면에는 부분적으로 산이끼와 고운 부엽토를 깔아서 자연에 가까운 느낌으로 마무리한다.

9

September

정원에 색채감과 볼륨감을 더해주는 빅사이즈 모아심기

매력적인 대형 모아심기는
현관이나 정원의 포인트 역할로 제격이다.
커다란 화분을 사용해서
다이내믹한 모아심기를 만들어보자.

Sep. a. 대담성을 발휘하여 완성한 야성적인 이미지

시선을 끄는 포인트가 되어줄 존재감 넘치는 화분

작은 모종에서는 보기 힘든 역동적이고 강렬하며 존재감이 확실한 식물을 사용할 수 있다는 점이 대형 모아심기의 매력이다. 화분이 커져도 크기만 달라질 뿐 모아심기의 방법이나 모종을 조합하는 방식은 소형 모아심기와 똑같다. 식물의 대담한 생김새와 용기의 형태를 잘 살려서 독창적인 모아심기를 만들어보자.
존재감 넘치는 알로에 디코토마를 메인 식물로 사용했다. 화분은 골동품 시장에서나 볼 법한 나무통을 활용했다. 집의 상징처럼 놓인 화분을 발견한 방문객의 반응도 기대된다. 주인공으로 사용한 알로에 외에도 용설란과 칼랑코에, 산세베리아 등도 추천한다. 크게 생장한 식물은 형태 자체가 멋스러운 개성파도 많으니 마음에 쏙 드는 식물을 골라본다.

주인공 식물: 알로에 디코토마
보조 식물: 프로스트라툼

가을 다육식물의 특징	9월 중순이 지나면 혹독했던 여름 햇볕도 조금씩 누그러져서 다육식물이 생육하기 좋은 계절이 시작된다. 10월에는 에케베리아, 크라술라, 세덤, 칼랑코에 등 각양각색의 모종이 나오기 시작해서 하순이 지나면 단풍 든 모종도 볼 수 있게 된다.

주인공을 에워싸듯이 키 작은 보종을 심어서 밑동을 울창하게 꾸민다. 한여름에는 반그늘에서 건조하게 관리하다가 9월 하순 무렵부터 양지바른 장소로 옮기고 물 주는 양도 서서히 늘린다. 겨울에는 서리를 맞지 않게 온도가 5℃ 이상 유지되는 곳으로 옮긴다.

큰 사이즈 식물을 중심으로 가운데는 높게, 가장자리는 낮게 심는다. 늘어지며 자라는 품종을 곁들여서 부케의 느낌을 살렸다.

Sep. b. 모종을 기울여 그려낸 반구형 실루엣

중후한 화분에 어울리는 고상한 부케 스타일

잎 가장자리가 물결 모양인 에케베리아가 주인공이다. 여기에 꽃대를 올리거나 연한 핑크빛을 띤 식물 등을 조합하여 부케처럼 동그랗게 만든다. 정원의 포인트로 삼고 싶은 화려한 모아심기다. 동그란 부케 형태를 오래 유지하기 위해서 키가 크거나 생장 후에 모양이 완전히 달라지는 것은 제외하고, 생육 스타일이 비슷한 품종으로만 구성했다.

주인공 식물: 얼리라이트
보조 식물: 도밍고

Sep. | c.

크기가 다른 모종으로 인상 깊게 표현한 입체감

수레의 모양과 크기에 어울리는 큰 식물을 대담하게 심는다

수레에 달린 나무상자에 만든 모아심기다. 더위가 채 가시지 않은 9월이지만, 꽃대를 올린 대형 에케베리아를 중심으로 가을이 느껴지는 브라운 계열을 사용하여 역동적인 스타일로 완성했다. 높이 올라온 꽃대가 수레의 손잡이와 균형을 이루면서 생기있는 느낌을 연출한다. 대형종 사이에 심은 중형과 소형 다육식물이 강약을 조절하며 입체감을 부여한다.

주인공 식물: 캐시미어바이올렛
보조 식물: 상학

늦더위가 이어지는 9월 중순까지는 여름과 마찬가지로 반그늘에서 건조하게 관리한다. 중순 이후 햇볕이 누그러지면 양지바른 실외로 옮긴다. 다만 급격한 환경 변화로 잎이 탈 수도 있으니 주의한다.

Sep. a.

모아심기 재료와 방법

Layout.

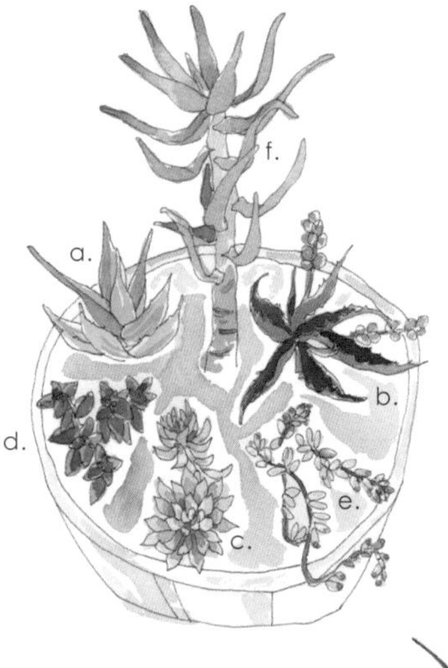

Plants.

a. 이비텐시스
Aloe ibitensis
백합과 알로에속

b. 프로스트라툼
Lomatophyllum prostratum
백합과 로마토필룸속
★대체 가능 식물 = 주쿤다*

c. 누비제나
Dudleya xantii
돌나물과 두들레아속

d. 신동
Crassula 'Spring Time'
돌나물과 대구돌나물속

e. 루벤스
Sedum rubens
돌나물과 돌나물속

f. 알로에 디코토마
Aloe dichotoma
백합과 알로에속
★대체 가능 식물 = 플리카틸리스*

Pot.

나무통: 지름 320 × 높이 320mm

* 주쿤다 *Aloe jucunda* 백합과 알로에속
* 플리카틸리스(부채알로에) *Aloe plicatilis* 백합과 알로에속

심는 방법

1 통 바닥에 구멍을 뚫고 배수용 돌과 흙을 넣은 다음, 중앙 뒤쪽에 알로에 디코토마를 심는다.

2 통 좌측에 이비텐시스를 똑바로 세워 심는다.

3 이비텐시스 앞쪽에 신동을 심고 줄기를 통 밖으로 늘어뜨린다.

4 ③의 오른쪽에 누비제나를 가장자리로 기울여서 심고 줄기를 바깥으로 꺼낸다.

5 ④의 오른쪽에 루벤스를 심고 줄기를 바깥으로 늘어뜨린다.

6 ⑤의 오른쪽에 프로스트라툼을 심고 몸체를 가장자리로 기울인다.

완성!

point. 1 튼튼하고 개성 있는 알로에 종류를 알아보자

유명한 알로에 아보레센스*와 알로에 베라* 외에도, 겨우 몇 센티미터에 불과한 데스코잉스,* 약 10m 남짓 자라는 알로에 디코토마 등, 그 종류가 300~400여 종에 달한다. 시중에도 개성 넘치는 알로에가 다양하게 판매되고 있다. 왼쪽부터 시계방향으로 천대전금, 플리카틸리스, 스트리아타,* 불야성, 용산 알로에.*

* **알로에 아보레센스** *Aloe arborescens* 백합과 알로에속
* **알로에 베라** *Aloe vera* 백합과 알로에속
* **데스코잉스** *Aloe descoingsii* 백합과 알로에속
* **스트리아타** *Aloe striata* 백합과 알로에속
* **용산 알로에** *Aloe brevifolia* 백합과 알로에속

Sep. b.

모아심기 재료와 방법

Layout.

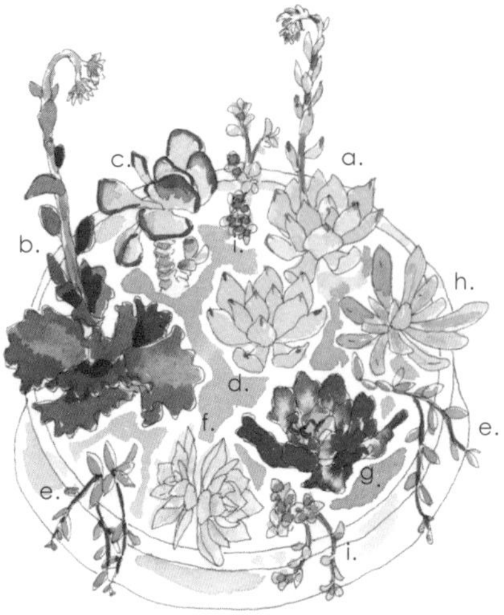

Plants.

a. **비취후리데**(피치프라이드)
Echeveria 'Peach Pride'
돌나물과 에케베리아속

b. **얼리라이트**
Echeveria 'Early Light'
돌나물과 에케베리아속
★대체 가능 식물 = 파티드레스*

c. **당인금**
Kalanchoe thyrsiflora f. *variegata*
돌나물과 칼랑코에속

d. **둥근잎비취후리데**
Echeveria 'Peach Pride'
돌나물과 에케베리아속

e. **루비네크리스**(진주목걸이)
Othonna capencis 'Ruby Necklace'
국화과 오토나속

f. **도밍고**
Echeveria 'Domingo'
돌나물과 에케베리아속
★대체 가능 식물 = 라우린제*

g. **프린세스펄**
Echeveria 'Princess Pearl'
돌나물과 에케베리아속

h. **자려전**
x *Pachyveria* 'Blue Mist'
돌나물과 파키베리아속

i. **무늬돌나물**
Sedum makinoi f. *variegata*
돌나물과 돌나물속

Pot.

검은색 단지: 지름 265 × 높이 210mm

* **파티드레스** *Echeveria* 'Party Dress' 돌나물과 에케베리아속
* **라우린제** *Echeveria* 'Laulindsa' 돌나물과 에케베리아속

심는 방법

1 화분 좌측 뒤쪽에 주인공인 얼리라이트를 심는다. 모종은 바깥쪽으로 기울인다.

2 ①의 앞에 두 포기로 나눈 루비네크리스를 심고 줄기는 바깥으로 늘어뜨린다.

3 ②의 오른쪽에 악센트 컬러로 도밍고를 심는다. 모종은 바깥쪽으로 기울인다.

4 ③의 오른쪽에 무늬돌나물을 심는다. 바깥으로 늘어뜨린 줄기는 ②보다 짧아야 보기 좋다.

5 중앙에 둥근잎 비취후리데를 심는다. 모종은 흙에 수직으로 심는다.

6 ④의 오른쪽에 프린세스펄과 나머지 루비네크리스를 심는다.

7 ⑥의 오른쪽에 자려전을 심는다. 모종은 바깥쪽으로 기울인다.

8 ⑦의 옆에 비취후리데를 심는다.

9 뒤쪽으로 무늬돌나물과 당인금을 심는다.

완성!

point. 1 색깔과 모양이 다른 것끼리 가까이 두기

심기 전에 모종을 모아놓고 위치를 결정한다. 같은 색조가 겹치지 않도록 색깔과 형태를 대비시켜 만든다. 크고 작은 에케베리아를 사용해서 위와 옆 어느 방향에서 보더라도 예쁜 원을 그리도록 심어준다. 가장자리에 심는 모종은 바깥으로 기울여서 각도를 만들고, 가운데는 흙을 높게 쌓고 모종을 세워서 심는다.

Sep. | C.

모아심기 재료와 방법

Layout.

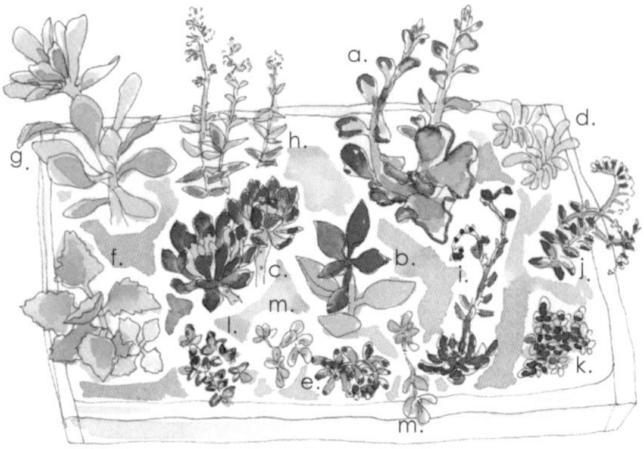

Plants.

a. **레드바론**
Echeveria 'Red Baron'
돌나물과 에케베리아속

b. **세무리아**(장상주)
Kalanchoe orgyalis
돌나물과 칼랑코에속

c. **캐시미어바이올렛**
Aeonium velour
돌나물과 아이오니움속
★대체 가능 식물 = 흑법사

d. **을녀심**
Sedum pachyphyllum
돌나물과 돌나물속

f. **선녀무**
Kalanchoe beharensis
돌나물과 칼랑코에속

g. **상학**(팔리다)
Echeveria pallida
돌나물과 에케베리아속
★대체 가능 식물 = 골든글로우

i. **흑왕자**
Echeveria 'Black Prince'
돌나물과 에케베리아속

k. **땅채송화**
Sedum oryzifolium
돌나물과 돌나물속

h. **화제**
Crassula capitella 'Campfire'
돌나물과 대구돌나물속

j. **홍엽제**
Crassula 'Momiji Matsuri'
돌나물과 대구돌나물속

l. **볼켄시**
Crassula volkensii
돌나물과 대구돌나물속

m. **벨루티나**
Crassula sericea var. velutina
돌나물과 대구돌나물속

e. **오로라**
Sedum rubrotinctum 'Aurora'
돌나물과 돌나물속

Pot.

손수레: 가로 570 × 세로 375 × 높이 100mm
(손잡이까지의 높이: 790mm)
산이끼

심는 방법

1 화분 깔망과 배수용 돌을 넣고 흙을 80%까지 채운다. 중앙 부분의 흙을 조금 높게 쌓아 올린다.

2 크기가 큰 모종부터 심는다. 상학은 좌측 뒤쪽, 레드바론은 우측 뒤쪽에 심는다.

3 상학과 레드바론 사이에 꽃대가 올라온 화제를 심는다.

4 왼쪽 끝에 선녀무와 볼켄시를 심는다. 볼켄시의 줄기는 바깥으로 늘어뜨린다.

5 가장 눈에 잘 띄는 좌측 앞쪽에 캐시미어바이올렛 두 그루를 한데 모아 심는다.

6 캐시미어바이올렛 밑동 부분에 두 포기로 나눈 벨루티나를 심는다.

7 중앙 앞쪽에 오로라를 심고 앞쪽으로 기울여 줄기를 바깥으로 늘어뜨린다.

8 ⑦의 우측 뒤쪽에 세무리아를 심고 살짝 앞쪽으로 기울인다.

9 우측 앞쪽에 남은 벨루티나와 흑왕자를 심는다.

10 오른쪽 끝에 키가 가장 작은 땅채송화를 심는다. 줄기는 바깥으로 늘어뜨린다.

11 ⑩의 뒤쪽으로 홍엽제와 을녀심을 심는다.

완성!

10

October

센스 넘치는 조합으로 새롭게 탄생한 예술 세계

생김새가 아름다우면서 각각의 개성이 돋보이는 다육식물은 그 자체로 하나의 예술 작품이다. 색다른 용기를 다육식물과 조합하여 예술의 계절 가을에 어울리는 풍경을 창조했다.

Oct. a. 닫힌 공간 속 힐링 포인트 숲속 동물 오브제

앤티크 새장 안에 가둔 다육식물

예술성이 강조된 모아심기를 만들려면 표현하고자 하는 주제를 명확하게 정하는 것이 가장 중요하다. 식물을 담을 화분부터, 필요하다면 작품을 둘 장소의 분위기까지 모두 반영해서 모종을 선택한다. 이번에 고른 용기는 오래된 새장과 앤티크풍의 커다란 보물상자, 그리고 UFO가 연상되는 보라색 화분이다.

새장 속 모아심기는 다육의 숲을 모티브로 만들었다. 울창한 숲 일부를 떼어 새장 안에 가뒀다. 상학을 주인공으로, 새장 높이에 맞춰 고른 흑법사와 청법사, 꽃대를 올린 백금황성을 더했다. 또한, 중간 키와 작은 키 식물로 둘러싸서 높낮이와 입체감을 표현했다. 횃대 위에 나무로 만든 작은 새 조각을 올리면 힐링이 되는 편안한 분위기의 작품이 완성된다.

주인공 식물: 상학
보조 식물: 흑법사

새장의 창살 너머로 다육식물을 관상한다. 창살의 세로 라인과 겹치지 않도록 잎의 형태가 동그란 것, 큼직한 것을 고르면 좋다.

Oct. b.

보석과 목걸이로 표현한 기발함이 포인트

생동감 있는 용월은 최대한 밖으로 넘치게 만든다. 백은무와 오로라도 생장하면서 점점 움직임이 살아난다.

보물상자에서 쏟아져 나오는 아름다운 다육식물들

이번 테마는 해적들이 발견한 보물상자다. 보석 같은 다육식물이 넘쳐흐르는 보물상자를 연출해 보았다. 이 모아심기에서 가장 큰 포인트는 다육식물의 품종 고르기다. 작은 잎을 늘어뜨린 녹영금과 프로리페라는 목걸이, 은빛 계열 다육식물과 알록달록한 다육식물은 보석을 상징한다. 장식 소품을 추가하면 보물상자의 느낌이 더욱 살아난다.

주인공 식물: 오로라
보조 식물: 루비네크리스

Oct. c.

계절 고유의 매력이 살아있는 모아심기

세련된 감각과 자연스러운 멋의 하모니를 즐긴다

모던한 보라색 화분에 담쟁이덩굴을 둘둘 감아서 자연스러운 분위기로 이미지 변신을 시도했다. 아침저녁으로 낮아진 기온에 붉게 물든 애프터글로우와 마우나로아를 과감하게 심었다. 담쟁이덩굴에는 녹영의 긴 줄기를 감아서 조형미를 더했다. 빨간색과 초록색, 은색을 조합하여 대비 효과를 줌으로써 가을 느낌 물씬 풍기는 화분이 완성되었다.

주인공 식물: 애프터글로우
보조 식물: 마우나로아

생육기에 접어든 에케베리아는 흙 표면이 마르면 물을 듬뿍 준다. 실외의 양지바르고 통풍이 잘되는 곳에 둔다.

Oct. | a.

모아심기 재료와 방법

Layout.

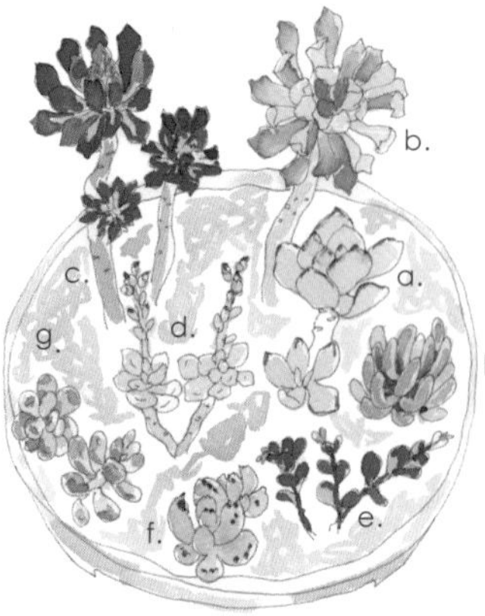

Plants.

a. **상학**(팔리다)
Echeveria pallida
돌나물과 에케베리아속
★대체 가능 식물 = 골든글로우

b. **청법사**
Aeonium arboreum
돌나물과 아이오니움속

c. **흑법사**
Aeonium arboreum var. atropurpureum
돌나물과 아이오니움속
★대체 가능 식물 = 캐시미어바이올렛

d. **백금황성**(프로스티)
Echeveria pulvinata 'Frosty'
돌나물과 에케베리아속

e. **엔젤카랑코에**(카랑코에만지니)
Kalanchoe manginii
돌나물과 칼랑코에속

f. **웅동자**
Cotyledon tomentosa ssp. Ladismithensis
돌나물과 코틸레돈속

g. **월미인**
Pachyphytum oviferum 'Tsukibijin'
돌나물과 파키피툼속

h. **동미인**
x Pachyveria pachytoides
돌나물과 파키베리아속

Pot.

앤티크 새장: 지름 310 × 높이 510mm
(상부 고리까지의 높이: 780mm)
이끼 / 뿌리썩음병 예방약 / 비닐 시트

심는 방법

1 용기에 비닐 시트를 펼쳐 깔고 흙을 넣는다.

2 용기 밖으로 나온 비닐 시트를 가위로 잘라준다.

3 용기 뒤쪽에 청법사를 심고, 그 좌측 앞쪽에 흑법사를 심는다.

4 청법사와 흑법사 사이에 상학을 심는다.

5 ④의 앞에 백금황성을 심는다.

6 좌측 앞쪽에 월미인과 웅동자를 심는다. 월미인은 앞쪽으로 눕히듯이 심어서 높이를 낮춘다.

7 웅동자의 오른쪽에 엔젤카랑코에를 심는다.

8 엔젤카랑코에 오른쪽에 동미인을 심어서 색의 대비효과를 준다.

9 흙이 보이는 부분에 이끼를 깔아서 마무리한다.

완성!

point. 1 물은 분무기로 밑동에 준다

여름 동안 단수하던 겨울형 아이오니움속 식물은 이 무렵부터 물이 필요해진다. 다른 다육식물과 마찬가지로 양지바른 실외에 두고 서서히 물 주는 양과 횟수를 늘린다. 흙 위에 이끼를 덮은 이 모아심기는 이끼에만 분무기로 물을 뿌린다. 손가락으로 흙을 만져보고 건조한 정도를 확인한 뒤에 물을 준다.

Oct. | b.

모아심기 재료와 방법

Layout.

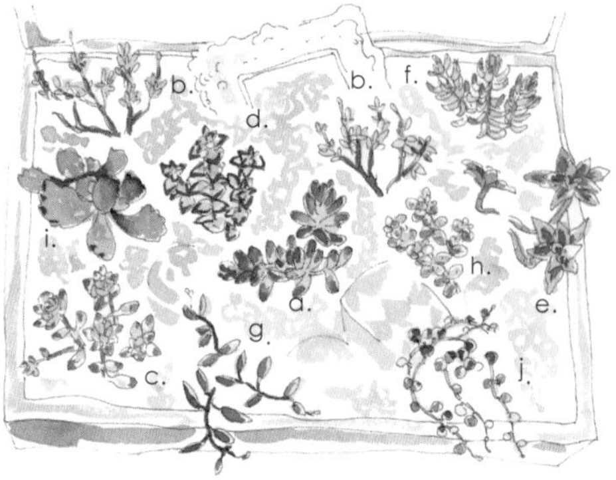

Plants.

a. **오로라**
Sedum rubrotinctum 'Aurora'
돌나물과 돌나물속
★대체 가능 식물 = 홍옥

b. **프로이노사**
Crassula pruinosa
돌나물과 대구돌나물속

c. **프로리페라**
Sedum prolifera
돌나물과 돌나물속

d. **성왕자**
Crassula conjuncta
돌나물과 대구돌나물속

e. **용월**
Graptopetalum paraguayense
돌나물과 그랍토페탈룸속

f. **카멜레온**
Sedum reflexum 'Chameleon'
돌나물과 돌나물속

g. **루비네크리스**(진주목걸이)
Othonna capencis 'Ruby Necklace'
국화과 오토나속
★대체 가능 식물 = 현월

h. **청옥**
Sedum burrito
돌나물과 돌나물속

i. **백은무**
Kalanchoe pumila
돌나물과 칼랑코에속

j. **녹영금**
Senecio rowleyanus f. variegata
국화과 금방망이속

Pot.

앤티크 트렁크 보물상자:
폭 420 × 깊이 290 × 높이 145mm
비닐 시트 / 장식용 소품(촛대 2개, 액세서리 상자 3개, 액자 프레임) / 다육식물용 배양토 / 뿌리썩음병 예방약

심는 방법

1 트렁크에 비닐 시트를 깐다.

2 약간 우측 뒤쪽에 촛대를 놓는다. 뒤쪽에는 높이가 있는 소품을 배치한다.

3 뿌리썩음병 예방약을 넣고, 다육식물용 배양토를 트렁크의 80% 높이까지 채운다.

4 트렁크 가장자리로 삐져나온 비닐 시트를 가위로 잘라준다.

5 액자 프레임을 좌측 뒤쪽 흙에 꽂는다.

6 남은 촛대를 중앙에 눕히고, 오로라를 심어서 앞쪽으로 기울인다.

7 액자 프레임 앞에 성왕자를 심는다. 몸체는 우측 뒤쪽으로 살짝 기울인다.

8 프로이노사를 두 포기로 나누고 왼쪽 끝에 심는다. 모종은 가장자리로 기울인다.

9 ⑧의 앞에 백은무를 심고 ⑧과 똑같이 모종을 가장자리를 향해 기울인다.

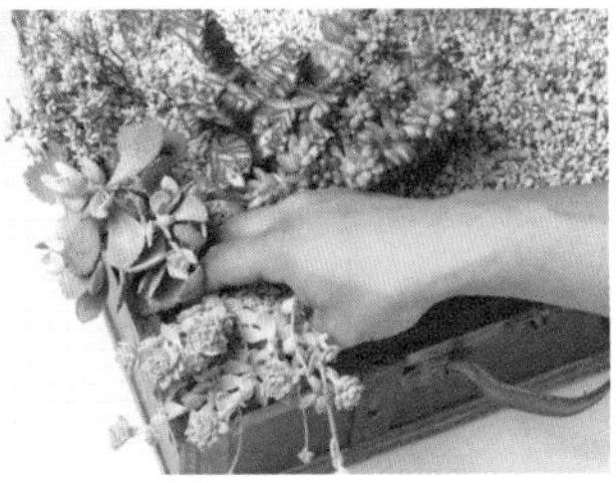

10 좌측 앞쪽에 프로리페라를 심고, 모종은 가장자리로 기울여서 줄기를 바깥으로 늘어뜨린다.

11 ⑩의 오른쪽에 루비네크리스를 심고 줄기는 앞쪽으로 늘어뜨린다.

12 남은 프로이노사를 오로라의 우측 뒤쪽에 심는다.

13 우측 앞쪽에 녹영금을 심고 줄기는 앞쪽으로 늘어뜨린다.

14 ⑬의 좌측 뒤쪽에 청옥을 심는다.

15 청옥의 우측 뒤쪽에 용월을 심고 줄기는 밖으로 꺼내서 퍼지는 느낌으로 연출한다.

16 우측 뒤쪽에 카멜레온을 심는다. 모종은 가장자리를 향해 살짝 기울여준다.

17 빈 곳에 장식용 소품을 올려놓는다.

18 루비네크리스의 줄기 몇 가닥으로 오로라와 소품을 감아서 스타일링한다.

완성!

point. 1 다육식물과 소품으로 반짝이는 느낌을 연출

은색 계열의 다육식물을 모아서 보석이 반짝거리는 분위기를 연출했다. 뒤쪽에 앤티크 액자와 촛대를 배치하여 분위기를 끌어올리는 한편, 뚜껑 지지대 용도로도 사용한다. 오로라는 중앙 부근에 심어서 가운데를 높이고, 가장자리에 심은 모종은 바깥으로 기울여서 높이를 낮춘다.

Oct. | c.

모아심기 재료와 방법

Layout.

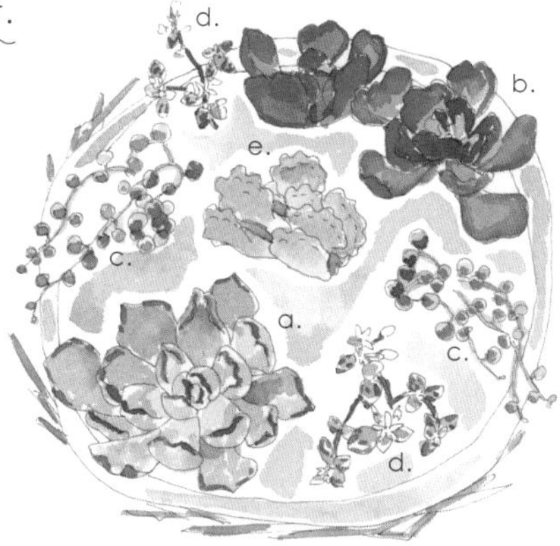

Plants.

a. 애프터글로우
Echeveria 'Afterglow'
돌나물과 에케베리아속
★대체 가능 식물 = 칸테*

b. 마우나로아
Echeveria 'Mauna Loa'
돌나물과 에케베리아속
★대체 가능 식물 = 혁려

c. 녹영
Senecio rowleyanus
국화과 금방망이속

d. 볼켄시
Crassula volkensii
돌나물과 대구돌나물속

e. 은파금
Cotyledon undulate
돌나물과 코틸레돈속

Pot.

도자기 화분: 지름 180 × 높이 120mm
마른 덩굴(담쟁이덩굴): 700mm × 약 30개

* 칸테 *Echeveria cante* 돌나물과 에케베리아속

심는 방법

1 왼쪽에 두 포기로 나눈 녹영을 심고 줄기를 바깥으로 늘어뜨린다.

2 ①의 안쪽에 은파금을 심는다. 모종의 키가 작으므로 흙에 수직으로 심어준다.

3 애프터글로우를 화분 좌측 앞쪽에 심는다. 모종은 앞쪽으로 기울인다.

4 두 포기로 나눈 볼켄시를 심는다. 줄기는 화분 앞쪽과 가운데 쪽으로 펼쳐준다.

5 남은 녹영을 화분 우측 앞쪽에 심고 줄기는 밖으로 늘어뜨린다.

6 우측 뒤쪽에 마우나로아를 심는다.

7 중앙 뒤쪽에 나머지 볼켄시를 심는다.

8 담쟁이덩굴을 화분보다 크게 원형으로 말아준다.

9 ⑧을 세 겹으로 겹쳐서 화분에 씌운다.

point. 1 긴 줄기의 특성을 살린 스타일링

화분에 덩굴을 씌우기 전에 늘어진 녹영 줄기를 일단 모아심기 위로 정리해서 올린다. 덩굴 세팅이 끝나면 줄기를 내린 다음, 몇 가닥씩 잡고 느슨하게 말아서 스타일링한다. 에케베리아 잎 위에 걸치면 생기 있고 예술적인 감각의 모아심기가 완성된다.

완성!

column

d

다육식물로 만드는 부케 모양 모아심기

어느 날 동네 꽃가게에서 우연히 발견한 귀여운 부케.
그것을 계기로 다육식물 모아심기를 시작하게 되었다.

부케형 모아심기에 안성맞춤인 다육식물

많은 시행착오를 겪으면서 화초를 사용한 모아심기에 몰두하던 20년 전, 생화를 파는 꽃가게에서 작은 부케를 발견했다. 그때 문득 '다육식물로도 부케 같은 모아심기를 만들 수 있지 않을까'하는 궁금증이 생겼고, 바로 다음 날 이를 실행에 옮겼다. 아름다운 장미꽃 모양의 잎을 지닌 에케베리아는 장미, 구불구불 가지를 늘어뜨리며 자라는 녹영은 마치 재스민과 아이비 같았다. 이것이 다육식물 모아심기를 시작하게 된 계기다.

그러나 디자인이 아무리 예뻐도 그 모아심기가 아름답고 싱싱하게 자랄 수 있도록 잘 관리하지 못하면 의미가 없다. 실내에만 두어서 웃자라게 하거나, 여름에는 비를 맞힌 것도 모자라 그다음 날까지 더위 속에 통풍도 제대로 시키지 않고 방치시켜 잎이 완전히 물러버린 실패를 경험하기도 했다. 물론 지금도 실수를 저지르기는 하지만, 새로운 모종을 들여올 때마다 내일은 어떤 작품을 만들지 생각하면 마음이 설레곤 한다.

※ 상단의 모아심기는 이전에 출간한 책 『365일 모아심기 스타일(봄 · 여름 편)』에, 왼쪽의 모아심기는 『열두 달 모아심기 레시피』에 만드는 방법이 실려 있다.

11

November

현실감 넘치는 디오라마, 마음껏 펼쳐 보이는 두근두근 상상의 나래

그리고 싶은 경치, 담고 싶은 풍경을 모아심기로 표현했다.
다육식물과 소품을 사용하여 상상 속 풍경을
현실감 있게 구현하는 재미가 있다.

Nov. a. 모종과 소품이 조화롭게 어우러진 풍경

작은 모종을 채소처럼 표현한 평화로운 다육식물 농장

디오라마(diorama) 형식의 모아심기에서는 모종 하나하나가 풍경 일부가 된다. 모종의 형태와 잎의 생김새가 잘 보이도록 너무 빽빽하지 않게 공간을 살리면서 배치한다. 하나씩 심을 때마다 한걸음 물러나 조망하면서 전체적인 균형을 맞추며 만들어나간다.
낡은 나무상자에 자리한 시골 오두막집과 채소처럼 보이는 다육식물이 어우러져 평화로운 전원 풍경이 탄생한다. 주인공 염좌는 오두막 크기와 균형을 맞춰서 고른다.

다음으로 채소 역할을 할 작은 모종을 심는다. 들장미의정령과 백모단은 양배추, 카멜레온과 프로이노사는 옥수수, 이런 식으로 상상하면서 모종을 고르고 심는 재미가 쏠쏠하다.

주인공 식물: 비취후리데, 대화금
보조 식물: 돌나물

채소처럼 꾸민 비취후리데와 대화금 등은 밭이랑처럼 흙을 돋워 심어서 현실감을 더했다. 프로이노사와 카멜레온에는 나뭇가지로 버팀목을 세워 더욱 밭다운 느낌으로 연출했다.

Nov. | b.

분할하고 통합하여 창조되는 새로운 공간

입체적으로 그려낸 깊고 신비로운 다육식물 숲

캔버스에 그림을 그리듯이 앤티크 액자 안에 다육식물 숲을 담았다. 나무를 눕혀놓고 이끼를 깔아서 거목이 자라는 이끼 무성한 깊은 숲을 묘사했다. 붉은색, 푸른색, 노란색, 연녹색 등 신비로운 숲을 연상시키는 색채와 개성 있는 생김새가 돋보이는 식물을 사용했다. 『이상한 나라의 앨리스』 같은 판타지 속 세상이 펼쳐진다.

주인공 식물: 군작
보조 식물: 선녀무

액자 프레임과 나무상자를 결합하여 심었다. 한 폭의 그림처럼 보이려면 키가 너무 큰 식물은 제외한다.

Nov. | c.

원근감 있는 배치로 연출한 드넓은 초원

고운 적옥토로 표현하는 메마른 사바나의 풍경

큰 나무와 메마른 땅, 그리고 혹독한 환경에서 살아가는 식물들. 기린과 코끼리가 사는 사바나의 풍광을 다육식물로 연출했다. 동물 피규어의 크기에 맞춰서 심을 모종을 고른다. 큰 모종을 앞쪽에 배치하여 원근감을 만들면 한층 사실적인 느낌으로 완성된다. 뒤쪽에 심은 큰 나무 주위의 흙은 높게 쌓고, 바깥쪽으로 갈수록 낮아지게 해서 완만한 경사를 만든다.

주인공 식물: 청각전
보조 식물: 십이지권

해가 잘 드는 실내에서 관리하고, 하워르티아는 12월부터 물을 거의 주지 않는다. 청각전도 덩굴손이 시들면서 휴면기에 접어들기 때문에 봄까지 단수한다. 그밖에는 2~3주에 한 번씩 분무기로 가볍게 뿌려준다.

Nov. | a.

모아심기 재료와 방법

Layout.

Plants.

a. 염좌(화월)
Crassula ovata
돌나물과 대구돌나물속

b. 돌나물(덩굴만년초)
Sedum sarmentosum
돌나물과 돌나물속
★대체 가능 식물 = 흰꽃세덤

c. 비취후리데(피치프라이드)
Echeveria 'Peach Pride'
돌나물과 에케베리아속
★대체 가능 식물 = 상학

d. 프로이노사
Crassula pruinosa
돌나물과 대구돌나물속

e. 희록
Crassula lycopodioides var.
돌나물과 대구돌나물속

f. 백모단
x *Graptoveria* 'Titubans'
돌나물과 그랍토베리아속

g. 골든카펫
Sedum hispanicum var. *minus* 'Aureum'
돌나물과 돌나물속

h. 은설(백설)
Sedum spathulifolium 'Cape Blan
돌나물과 돌나물속

i. 들장미의정령
Echeveria mexensis zalagosa
돌나물과 에케베리아속

j. 카멜레온
Sedum reflexum 'Chameleon'
돌나물과 돌나물속

k. 퍼플헤이즈
Sedum dasyphyllum var. *granduliferum* 'Purple Haze'
돌나물과 돌나물속

l. 대화금
Echeveria purpusorum
돌나물과 에케베리아속
★대체 가능 식물 = 대화미니

m. 털기린초
Sedum selskianum
돌나물과 돌나물속

Pot.

나무상자: 가로 500×세로 310×높이 280mm
미니어처 오두막: 가로 120×세로 130×높이 130mm
미니어처 잡화소품(의자, 양동이, 손수레, 화분 등) /
나뭇가지(130mm×7개) / 돌 / 부엽토

심는 방법

1. 가장 먼저 오두막과 염좌의 자리를 정한다. 오두막은 좌측 뒤쪽에 배치한다.

2. 염좌를 우측 뒤쪽에 심는다. 오두막과 염좌가 풍경의 바탕이 된다.

3. 돌나물 두 포기와 희록은 뿌리 부분을 반 정도 갈라서 얇고 넓게 펼쳐준다.

4. 펼친 희록을 뒤쪽 가장자리에 심어서 산울타리를 만든다. 우측 뒤쪽에는 골든카펫을 심는다.

5. 염좌의 밑동에 은설을 심는다.

6. 퍼플헤이즈와 돌나물을 오두막 오른쪽 바로 옆에 심는다.

7. ③에서 넓게 펼친 돌나물을 왼쪽 가장자리에 심어서 산울타리를 만든다.

8. 털기린초를 조금씩 나눠서 우측 앞쪽에 심는다. 앞면 공간에 밭이랑을 만든다.

9. 밭이랑에 농작물 역할을 하는 비취후리데를 일정한 간격으로 심는다.

10. 대화금, 프로이노사, 들장미의정령, 백모단도 같은 방법으로 심어 나간다.

11. 오두막 앞에 돌을 놓아서 길을 만든다.

12. 프로이노사와 카멜레온을 심은 밭이랑 양옆에 나뭇가지를 꽂고 교차시킨다.

13 ⑫를 세 개 만들고 교차시킨 부분에 나뭇가지를 걸쳐 철사로 고정한다.

14 흙이 보이는 곳에 부엽토를 가볍게 뿌려준다.

15 미니어처 잡화소품을 올려서 마무리한다.

완성!

point. 1 긴 줄기의 특성을 살린 스타일링

산울타리 역할을 하는 세덤은 포기를 완전히 분리하지 않는다. 밑동을 양손으로 잡고 뿌리를 절반 정도까지 가른 뒤, 그 부분부터 펼쳐가면서 직선이 되도록 늘려준다. 의자와 수레, 양동이 등의 미니어처 잡화소품은 풍경에 현실감을 더하는 중요한 아이템이다.

Nov. b.

모아심기 재료와 방법

Layout.

Plants.

a. **서리의아침**(상조)
x Pachyveria 'Exotica'
돌나물과 파키베리아속

b. **카멜레온**
Sedum reflexum 'Chameleon'
돌나물과 돌나물속

c. **은전**
Crassula mesembryanthemoides
돌나물과 대구돌나물속

d. **선녀무**
Kalanchoe behalensis
돌나물과 칼랑코에속
★대체 가능 식물 = 팡

e. **봄비시나**
Echeveria 'Bombycina'
돌나물과 에케베리아속

f. **벨루티나**
Crassula sericea var. velutina
돌나물과 대구돌나물속

g. **블루컬스**
Echeveria 'Blue Curls'
돌나물과 에케베리아속

h. **파필라리스**(엘리세)
Cotyledon elisae
돌나물과 코틸레돈속

i. **알프레드 그라프**
Echeveria 'Alfred Graf'
돌나물과 에케베리아속

j. **야마토렌**(대화련)
Echeveria 'Yamatomini'
돌나물과 에케베리아속

k. **소인제**
Aeonium sedifolius
돌나물과 아이오니움속

l. **워터메리**
Crassula atropurpurea var. watermeyeri
돌나물과 대구돌나물속

m. **원패초**
Kalanchoe scapigera
돌나물과 칼랑코에속

n. **군작**
Pachyphytum hookeri
돌나물과 파키피툼속
★대체 가능 식물 = 동미인

o. **팅커벨**
Cotyledon 'Tinker Bell'
돌나물과 코틸레돈속

p. **비취후리데**(피치프라이드)
Echeveria 'Peach Pride'
돌나물과 에케베리아속

Pot.

앤티크 액자 프레임:
가로 680×세로 530×높이 135mm
식물 심는 상자:
가로 500×세로 350×높이 100mm
나무뿌리 3개 / 부엽토 / 이끼 2종

심는 방법

1 식물을 심을 상자 위에 액자 프레임을 얹고 화분 깔망을 넣는다.

2 상자의 80% 높이까지 흙을 채운다.

3 중앙 부근에 나무뿌리를 배치하고, 아래쪽은 흙속에 묻어 고정한다.

4 중앙 뒤쪽부터 먼저 심는다. 나뭇가지와 흙 사이에 블루컬스를 심고 앞으로 기울인다.

5 ④의 좌측 뒤쪽에 봄비시나를 심는다.

6 액자 왼쪽을 꾸민다. 가장 키가 큰 카멜레온을 좌측 뒤쪽에 심는다.

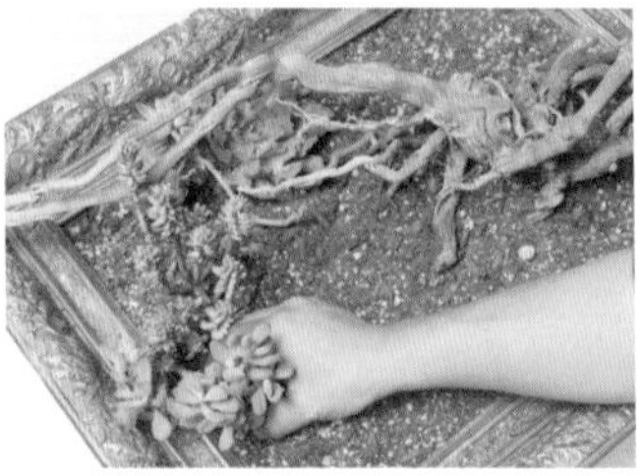

7 벨루티나를 2:1의 비율로 포기 나누기하고, 큰 포기를 ⑥의 앞에 심는다.

8 좌측 앞쪽에 알프레드 그라프를 심는다.

9 알프레드 그라프 오른쪽에 팅커벨을 심는다.

10 ⑨의 우측 앞쪽에 야마토렌을 심는다.

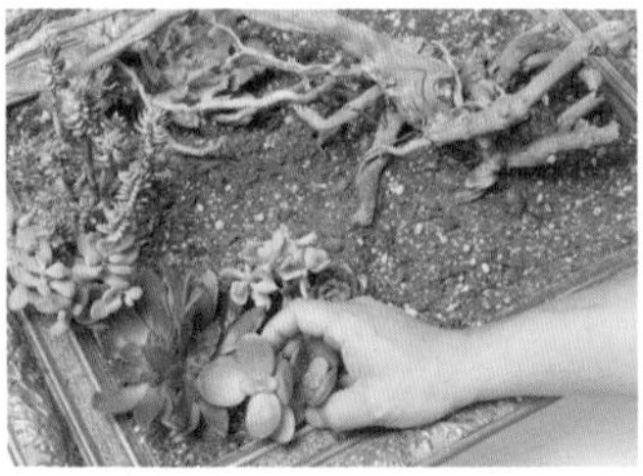

11 알프레드 그라프와 야마토렌 사이에 원패초를 심어서 왼쪽 부분을 완성한다.

12 오른쪽 부분을 꾸밀 차례다. 이 부분에서 키가 가장 큰 은전을 나무뿌리 바로 옆에 심는다.

13 우측 뒤쪽에 서리의아침을 심는다. 작은 포기가 가장자리 쪽으로 가도록 배치한다.

14 은전의 오른쪽에 포기나누기하고 남은 벨루티나를 심는다.

15 우측 뒤쪽 모서리에 비취후리데를 심는다.

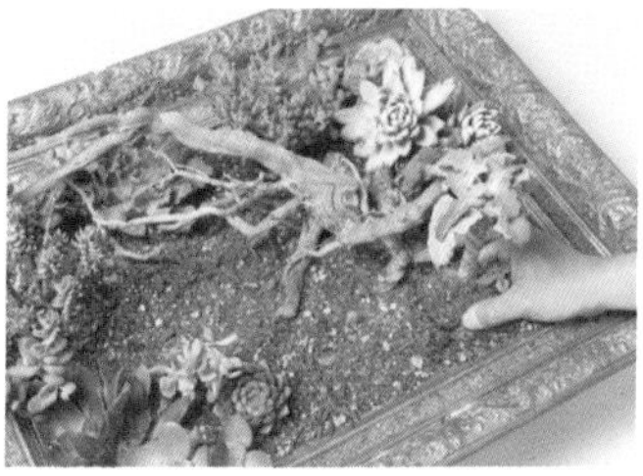

16 우측 앞부분을 심어준다. 이 부분에서 가장 키가 큰 선녀무를 심는다.

17 선녀무의 오른쪽에 워터메리를 심는다. 줄기를 바깥으로 향하게 해서 공간감을 연출한다.

18 소인제를 두 포기로 나누고 선녀무의 좌측 앞쪽에 심는다.

19 중앙의 나뭇가지 아래에 포기를 나누고 남은 소인제를 심는다.

20 소인제 우측 앞쪽에 파필라리스를 심는다.

21 파필라리스 앞에 군작을 심는다.

22 모종을 다 심은 모습이다.

23 흙이 드러난 부분에 이끼를 깔아준다. 나뭇가지를 경계로 오른쪽은 짙은 녹색 이끼를 사용한다.

24 왼쪽 부분에는 연녹색 이끼를 깔아서 흙을 감춘다.

25 이끼 위에 부엽토를 살짝 뿌려서 숲속 땅 표면의 흙을 표현한다.

26 두 번째 나무뿌리를 장식한다.

27 마지막 나무뿌리도 장식해서 완성한다.

완성!

point. 1 구역별로 나눠 심어서 완성한다

먼저 나무뿌리 3개의 배치를 정한다. 뿌리의 곡선을 활용하여 아치를 만들고 입체감을 살려서 거목의 그루터기 같은 분위기를 표현한다. 심을 면적이 넓으니 중앙 뒤쪽, 오른쪽 뒤, 오른쪽 앞, 왼쪽의 네 구역으로 나누고, 높이와 크기, 색이 다른 품종을 골라 구역별로 높낮이를 달리하면서 심어 나간다.

Nov. | C.

모아심기 재료와 방법

Layout.

Plants.

청각전(창각전)
iea volubilis
과 보울레아속
체 가능 식물 = 포케아 에듈리스*

b. 십이지권
Haworthia fasciata
백합과 하워르티아속
★대체 가능 식물 = 십이지탑

c. 그린옥선
Haworthia truncata 'Lime Green'
백합과 하워르티아속

d. 워터메리
Crassula atropurpurea var. watermeyeri
돌나물과 대구돌나물속

e. 브로우메아나
Crassula expansa ssp. Fragilis
돌나물과 대구돌나물속

f. 천금장
Adromischus cooperi 'Tenkinshou'
돌나물과 아드로미스쿠스속

g. 그린에또
Villadia batesii
돌나물과 빌라디아속

h. 움브라티콜라
Haworthia cymbiformis var. umbraticola
백합과 하워르티아속

i. 레모타
Crassula remota
돌나물과 대구돌나물속

j. 파르바
Haworthia parva
백합과 하워르티아속

k. 화경
Haworthia turgida var. turgida
백합과 하워르티아속

l. 희성
Crassula 'Tom Thumb'
돌나물과 대구돌나물속

m. 축연(투르기다)
Haworthia turgida cv.
백합과 하워르티아속

n. 크리스탈철화(이리아)
Echeveria 'Iria'
돌나물과 에케베리아속

Pot.

양철 상자: 폭 580×깊이 420×높이 105mm
동물 피규어(어미&새끼 기린, 어미&새끼 코끼리, 사자, 얼룩말),
나무뿌리 / 미니카 / 이끼 / 적옥토 세립

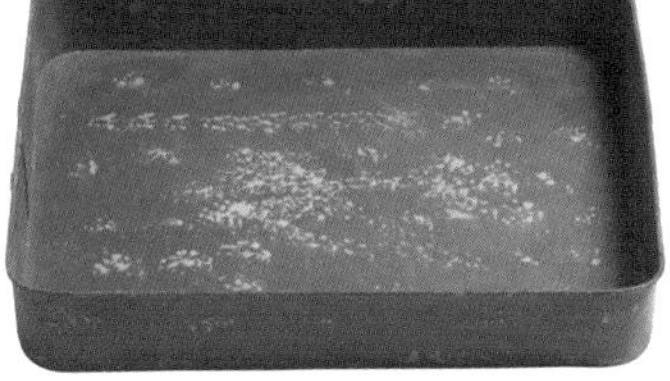

* 포케아 에듈리스 *Fockea edulis* 박주가리과 포케아속

심는 방법

1 용기 중앙 뒤쪽에 나무뿌리를 올려놓고 용기의 80% 높이까지 흙을 채운다.

2 중앙은 약간 높게, 용기 가장자리는 낮게 만든다.

3 나무뿌리의 좌측 앞쪽에 청각전을 심고 덩굴손을 나무에 감아준다.

4 십이지권 큰 포기를 좌측 앞쪽에 심는다. 모종은 흙에 수직으로 심는다.

5 십이지권 작은 포기를 중앙에 심는다. ④와 마찬가지로 모종은 흙에 수직으로 심는다.

6 중앙 앞쪽에 천금장을 심는다.

7 그린옥선을 우측 앞쪽에 심는다.

8 우측 뒤쪽에 워터메리를 심는다. 모종은 좌측 앞쪽으로 살짝 기울인다.

9 천금장의 우측 뒤쪽에 움브라티콜라를 심는다. 모종은 앞쪽으로 살짝 기울인다.

10 움브라티콜라의 왼쪽 앞에 축연을 심는다.

11 좌측 앞쪽 모서리에 화경을 심는다.

12 천금장의 왼쪽에 파르바를 심는다.

13 그린에또를 나무 앞쪽 밑동에 심는다.

14 십이지권의 우측 앞쪽에 크리스 탈철화를 심는다.

15 희성을 두 포기로 나누어 한 포기를 나무 밑동에 심는다.

16 십이지권의 앞쪽에 나머지 희성을 심는다.

17 움브라티콜라의 우측 뒤쪽에 레모타를 심는다.

18 우측 뒤쪽과 앞쪽에 브로우메아나를 심는다.

19 한 포기 남은 브로우메아나는 좌측 뒤쪽에 심는다.

20 다육식물의 밑동에 무작위로 이끼를 올린다.

21 흙이 드러난 부분에 적옥토를 뿌려서 사파리의 메마른 분위기를 연출한다.

완성!

point. 1 분위기를 고조시키는 나무뿌리와 청각전 덩굴손

말린 나무뿌리를 거꾸로 뒤집어서 큰 나무처럼 보이게 했다. 광활한 풍경이 펼쳐지도록 뒤쪽에 배치하는 것이 포인트다. 스스로 서지 못하는 청각전의 덩굴손은 나무뿌리에 감아준다. 적옥토로 메마른 사파리의 분위기를 만든 뒤 동물 피규어를 올려 완성한다.

12

December

희망의 빛으로 가득한 크리스마스에 어울리는 드라마틱한 모아심기

12월이 되면 거리는 온통 크리스마스로 물든다.
집 안에도 크리스마스 분위기 물씬 풍기는 장식을 해보자.
빨강과 초록 다육식물로 화려하게, 핑크와 화이트 다육식물로 우아하게,
모두에게 자랑하고 싶은 아름다운 모아심기가 완성된다.

Dec. a. 만들기 쉽고 변형도 자유로운, 따로 또 같이 스타일

우아하고 화려한 크리스마스 트리형 배치

다육식물은 크리스마스 장식에도 잘 어울린다. 크리스마스의 상징색인 빨강과 초록 다육식물을 골라 화려한 모아심기를 만들어보자. 분가루가 뽀얗게 덮인 은색 계열처럼 연한 빛깔 다육식물을 사용하면 화이트 크리스마스가 떠오르는 기품 있는 작품이 된다. 올해 크리스마스 파티에는 꽃 대신에 다육식물 모아심기로 장식을 해보면 어떨까.
다육식물을 투명한 유리 용기에 한 포기씩 심어 마치 샴페인 타워처럼 장식했다. 메인 식물로는 데비와 핑크프릴 등 적자색 계열의 품종을 사용했다. 여기에 부드러운 솜털로 뒤덮인 복토이와 백은무 등의 은색 계열, 줄기를 늘어뜨린 초록색 계열의 다육식물을 조합해서 크리스마스 분위기를 연출한다. 산타클로스 장식을 치우면 크리스마스가 지나도 계속 두고 즐길 수 있다.

주인공 식물: 핑크프릴, 데비
보조 식물: 백모단, 복토이

볕이 잘 드는 실내에서 관리한다. 2~3일마다 장소를 바꾸거나 받침대를 돌려서 모든 다육식물에 골고루 볕을 쬐어준다. 물은 2~3주에 한 번 정도 분무기로 뿌려준다.

키 차이가 나지 않는 자그마한 모종 위주로 고른다. 높이 차이가 아닌 색의 대비로 강약을 조절한다.

Dec. b. 그림을 색칠하듯 다채로운 배치

크리스마스 상징 컬러로 화려하게 완성한 태피스트리풍 모아심기

케이크 굽는 팬을 용기로 사용했다. 테이블 위에 올리고 초를 꽂아서 크리스마스 분위기를 고조시킨다. 트리와 별 모두 심는 방법은 똑같다. 색의 균형을 맞추면서 주인공 식물을 흩어 심고, 비어있는 공간에 포기를 나눈 세덤을 심는다. 너무 빽빽하지 않게 심고 사이사이에 이끼를 깔아준다. 그림을 그리듯이 색을 채우는 재미를 즐긴다.

주인공 식물: (트리) 부용, (큰 별) 발디, (작은 별) 춘맹
보조 식물: (트리) 메비나, (큰 별) 축우근, (작은 별) 바위솔

Dec.
C.

신비로운 색채의 매력이 더욱 빛나는 디자인

성스러운 밤을 이미지화한 세련된 크리스마스 리스

만발한 장미꽃 같은 은색 계열 에케베리아를 중심으로, 연녹색 식물을 곁들여 악센트를 주었다. 차분하고 성숙한 분위기의 크리스마스를 떠올리며 만든 다육식물 리스다. 큰 사이즈의 식물과 새끼 그루가 군생을 이룬 식물을 번갈아 심어 특별하게 연출했다. 마무리로 솔방울과 시나몬, 호두와 건과일 등의 크리스마스 아이템을 장식해도 근사하다.

주인공 식물: 양로, 릴리시나
보조 식물: 크리스탈 철화, 은무원

수염 틸란드시아로 흙 표면을 덮어서 다육식물 틈새로 보이는 흙을 가린다. 기본 색조인 회색빛의 수염 틸란드시아로 통일감을 살린다.

Dec. | a.

모아심기 재료와 방법

Layout.

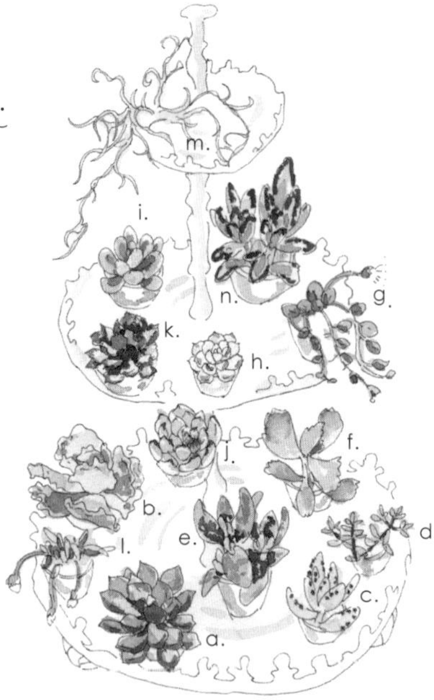

Plants.

c. 성토이
Kalanchoe tomentosa 'Ginger'
돌나물과 칼랑코에속

b. 은파금
Cotyledon undulate
돌나물과 코틸레돈속

d. 프로이노사
Crassula pruinosa
돌나물과 대구돌나물속

e. 복토이
Kalanchoe eriophylla
돌나물과 칼랑코에속
★대체 가능 식물 = 월토이

a. 데비
x Graptoveria 'Debbie'
돌나물과 그랍토베리아속
★대체 가능 식물 = 초연

f. 백은무
Kalanchoe pumila
돌나물과 칼랑코에속

g. 녹영
Senecio rowleyanus
국화과 금방망이속

n. 흑토이
Kalanchoe tomentosa f. nigromarginatas
돌나물과 칼랑코에속

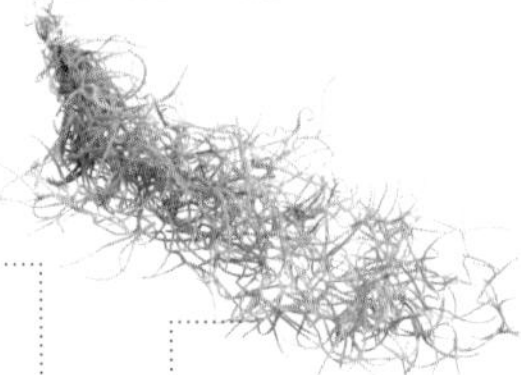

h. 백모단(살구미인)
x Graptoveria 'Titubans'
돌나물과 그랍토베리아속
★대체 가능 식물 = 들장미의정령

k. 핑크프릴
Echeveria Shaviana 'Pink Frills'
돌나물과 에케베리아속
★대체 가능 식물 = 고사옹*

m. 수염 틸란드시아(우스네오이데
Tillandsia usneoides
파인애플과 틸란드시아속

i. 월미인
Pachyphytum oviferum 'Tsukibijin'
돌나물과 파키피툼속

j. 양로
Echeveria peacockii 'Subsessilis'
돌나물과 에케베리아속

l. 카펜시스
Othonna capensis
국화과 오토나속

Pot.

삼단 트레이: 지름 330×높이 690mm
유리 용기 12개: 각각 지름 65×높이 80mm
다육식물용 배양토 / 뿌리썩음병 예방약

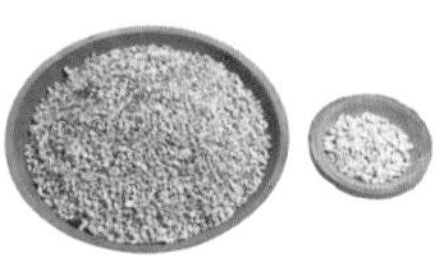

* 고사옹 *Echeveria* 'Takasagono-Okina' 돌나물과 에케베리아속

심는 방법

1 뿌리썩음병 예방약을 넣고 흙을 절반 채운 다음, 모종을 심고 흙을 더 넣는다.

2 흙이 골고루 들어가도록 가느다란 막대기로 콕콕 찔러서 마무리한다.

완성!

point. 1 막대기로 용기 안의 흙을 골고루 넣어준다

모종을 포트에서 꺼내어 뿌리를 살살 풀어서 심는다. 흙을 넣고 뿌리 사이로 흙이 골고루 들어가도록 가느다란 막대기로 콕콕 찔러준다. 데비처럼 용기 입구보다 넓게 펼쳐진 모종은 손가락으로 잎을 살짝 들어 올려서 흙을 넣고 막대기로 찔러준다.

point. 2 보기 좋고 물도 잘 빠지는 흙을 고른다

눈높이에서 관상하는 스타일이므로 용기에 넣는 흙에도 신경을 쓴다. 화초용 배양토보다는 보기도 좋고 배수성도 뛰어난 다육식물용 배양토를 사용하고, 바닥에는 뿌리썩음병 예방약을 꼭 넣는다. 소립 경석 5, 질석 2, 적옥토 2, 훈탄 1의 비율로 배합해도 좋다.

point. 3 눈 쌓인 트리를 연상시키는 품종을 선택한다

빈티지한 삼단 트레이를 크리스마스트리처럼 활용해서 화이트 크리스마스가 연상되는 모아심기를 만들었다. 녹색 카펜시스와 녹영은 전나무 색깔을, 주인공인 적자색 핑크프릴과 데비는 트리 장식을, 은색이 도는 은파금과 성토이로는 쌓인 눈을 표현했다.

Dec. b.

모아심기 재료와 방법

Layout.

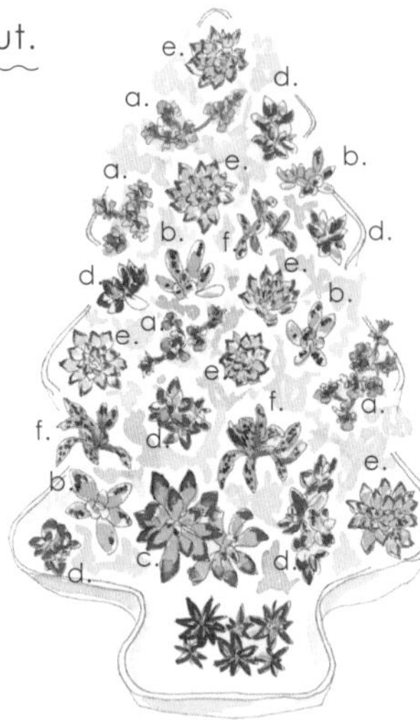

Plants.(트리)

a. 털기린초
Sedum selskianum
돌나물과 돌나물속

b. 금토이
Kalanchoe tomentosa 'Golden Rabbit'
돌나물과 칼랑코에속

c. 부용
Echeveria harmsii
돌나물과 에케베리아속
★대체 가능 식물 = 금황성*

d. 인디카
Sinocrassula indica
돌나물과 시노크라술라속

e. 메비나
Echeveria 'Mebina'
돌나물과 에케베리아속
★대체 가능 식물 = 정야*

f. 쿠페리
Crassula excilis ssp. 'Cooperi'
돌나물과 대구돌나물속

Pot.

크리스마스트리 모양 케이크 팬:
폭 245×길이 345×높이 50mm
이끼 / 팔각 / 부엽토

* **금황성** *Echeveria pulvinata* 'Rose' 돌나물과 에케베리아속
* **정야** *Echeveria derenbergii* 돌나물과 에케베리아속

심는 방법(트리)

1 흙을 80% 높이까지 채우고, 눈에 가장 잘 띄는 곳에 부용을 심는다.

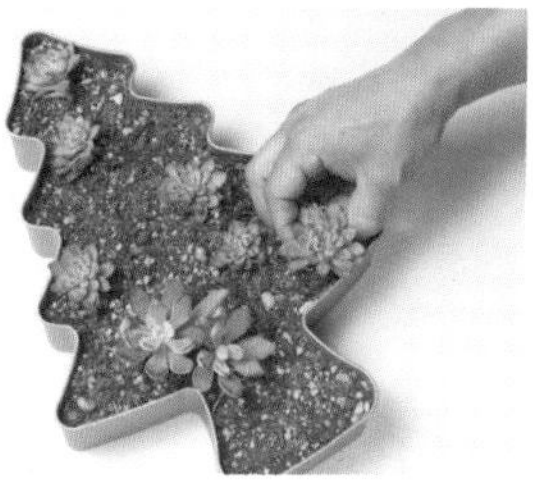

2 메비나는 한 포기씩 나눠서 전체에 흩어 심는다.

3 금토이도 한 포기씩 나눠서 전체에 흩어 심는다.

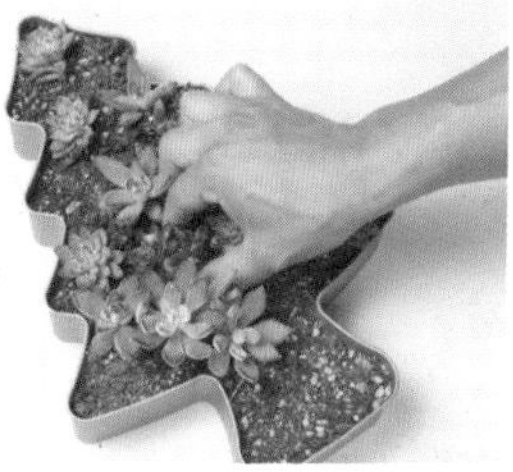

4 포인트가 되는 인디카는 한 포기를 셋으로 나눠서 전체에 흩어 심는다.

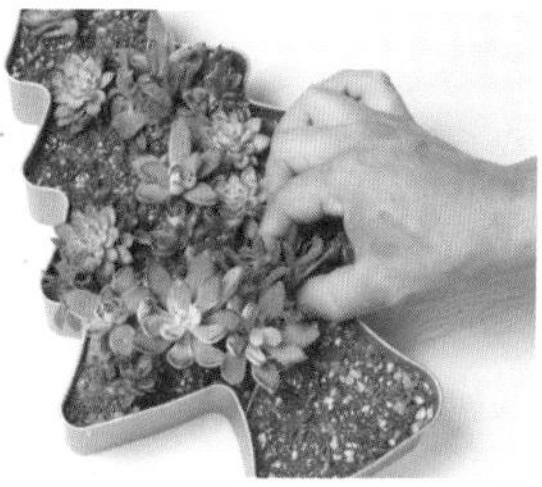

5 쿠페리는 포기나누기하여 부용과 금토이의 밑동에 심는다.

6 털기린초는 대여섯 포기로 나누고, 식물 틈새의 흙을 가리듯이 심어준다.

7 흙이 보이는 부분에는 이끼를 덮어 흙을 가린다.

8 모종을 심지 않은 트리의 기둥 부분에 부엽토를 채운다.

9 ⑧ 위에 팔각을 올려서 장식한다.

완성!

point. 1 바닥이 없는 용기가 화분으로 변신하는 아이디어!

바닥이 있는 트리 모양 케이크 팬은 물구멍을 뚫어서 사용하면 되지만, 별 모양 틀은 바닥이 없어서 철사로 화분 깔망을 부착했다. 별 모양 틀의 밑면에서 5~6mm 위쪽에, 한 변에 한 개씩 전동 드릴로 구멍을 뚫는다. 철사를 통과시켜서 별 모양에 맞춰 자른 깔망을 고정한다.

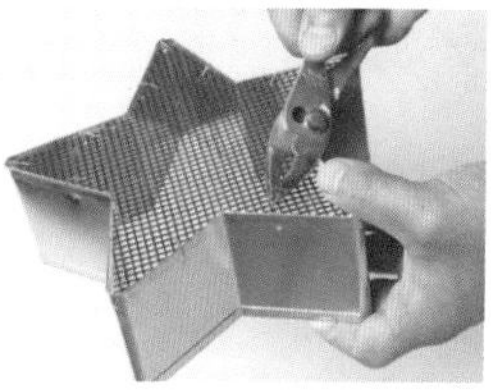

Layout.

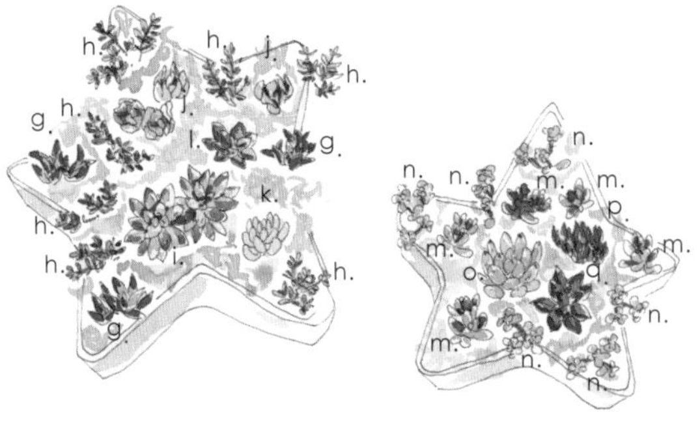

Plants.(큰 별)

g. **신적귀성**
Crassula exilis spp. schmidtii
돌나물과 대구돌나물속
★대체 가능 식물 = 레즐리

h. **흰꽃세덤**
Sedum album 'Coral Carpet'
돌나물과 돌나물속

i. **발디**
x *GraptoSedum* 'Francesco Baldi'
돌나물과 그랍토세덤속
★대체 가능 식물 = 용월

l. **브론즈**(프리티)
Graptopetalum f. Bronz
돌나물과 그랍토페탈룸속

j. **상아탑**
Crassula 'Ivory Pagoda'
돌나물과 대구돌나물속

k. **스노우제이드**
x *Sodeveria* 'Yellow Humbert'
돌나물과 세데베리아속

Plants.(작은 별)

m. **홍옥**
Sedum rubrotinctum
돌나물과 돌나물속

n. **황금세덤**
Sedum makinoi 'Aurea'
돌나물과 돌나물속

o. **춘맹**(세덤 앨리스 에반스)
Sedum 'Alice Evans'
돌나물과 돌나물속
★대체 가능 식물 = 부사

p. **바위솔**
Orostachys japonica
돌나물과 바위솔속
★대체 가능 식물 = 펠루시다*

q. **브론즈**(프리티)
Graptopetalum f. Bronz
돌나물과 그랍토페탈룸속

Pot.

케이크 틀(큰 별): 지름 200×높이 70mm
(작은 별): 지름 145×높이 55mm

심는 방법(큰 별)

1. 한가운데에 발디를 심고 스노우제이드, 브론즈, 상아탑으로 둘러싼다.

2. 신적귀성을 발디 옆에 끼워 넣고 빈틈을 흰꽃세덤으로 메운다.

완성!

* **펠루시다** *Echeveria* 'Pellucida' 돌나물과 에케베리아속

Dec.

C.

모아심기 재료와 방법

Layout.

Plants.

a. **입전**
x Pachyveria 'Scheideckeri'
돌나물과 파키베리아속

b. **양로**
Echeveria peacockii 'Subsessilis'
돌나물과 에케베리아속

c. **릴리시나**
Echeveria lilacina
돌나물과 에케베리아속
★대체 가능 식물 = 런요니*

d. **백모단**(살구미인)
x Graptoveria 'Titubans'
돌나물과 그랍토베리아속

e. **은무원**
Echeveria 'Ginbugen'
돌나물과 에케베리아속
★대체 가능 식물 = 펀퀸

f. **크리스탈철화**(이리아)
Echeveria 'Iria'
돌나물과 에케베리아속
★대체 가능 식물 = 키르히네아*

g. **성토이**
Kalanchoe tomentosa 'Ginger'
돌나물과 칼랑코에속

h. **서리의아침**(상조)
x Pachyveria 'Exotica'
돌나물과 파키베리아속

i. **월화미인**
x Pachyveria 'Marvella'
돌나물과 파키베리아속

j. **복토이**
Kalanchoe eriophylla
돌나물과 칼랑코에속

Pot.

리스형 등나무 바구니: 지름 350×높이 110mm
(심는 공간의 폭: 120mm)
수염 틸란드시아

* **런요니** *Echeveria runyonii* 돌나물과 에케베리아속
* **키르히네아** *Echeveria kircheriana* 돌나물과 에케베리아속

심는 방법

1 리스에 흙을 70% 높이까지 채우고 릴리시나, 백모단을 심는다.

2 백모단 사이 공간에 복토이를 심는다.

3 백모단 앞에 연녹색 크리스탈철화를 심어서 변화를 준다.

4 성토이는 두 포기로 나누고 크리스탈철화 앞쪽으로 바깥 테두리에 붙여 심는다.

5 ⑤의 안쪽에 끼워 넣듯이 입전을 심는다. 높낮이 차이가 잘 보이도록 배치한다.

6 입전의 오른쪽에 양로를 심고, 그 오른쪽으로 월화미인을 바깥 테두리에 기대어 심는다.

7 포기를 나누고 남은 성토이를 월화미인 안쪽으로 심는다.

8 ⑥의 뒤쪽에 은무원을 심고, 가장 먼저 심은 릴리시나와 은무원 사이에 서리의아침을 심는다.

9 흙이 드러난 곳에 수염 틸란드시아를 조금씩 올린다.

완성!

point. 1 크기와 색에 변화를 주어서 입체감을 표현한다

크리스탈철화와 양로, 은무원 등 큼직한 식물 옆에 백모단과 월화미인 등을 심어서 색과 크기의 강약을 조절한다. 리스는 높낮이의 차이가 중요하지 않지만, 식물 본래의 높이를 살려서 어느 정도 차이 나게 심으면 자연스러운 굴곡을 만들 수 있다.

Basic Technique 1 to 6

입문자를 위한 다육식물 모아심기 기초

예쁜 다육식물 모아심기를 만들기 위해서 알아두면 좋은 기본 지식과 모종 고르는 요령을 소개한다. 이 정도만 알아두어도 누구나 모아심기의 달인이 될 수 있다!

Basic 1 모아심기에 필요한 도구

식물을 심고 관리할 때 필요한 최소한의 도구를 준비한다.

비싼 도구는 필요 없다! 쓰기 편한 것을 고르자.

다육식물 모아심기를 만들고 관리할 때 필요한 도구를 소개한다. 이 도구들을 모두 갖출 필요는 없지만, 가위와 물뿌리개 정도는 준비해둔다. 모종의 뿌리 사이로 흙을 골고루 넣기 위해 사용하는 대꼬챙이는 나무젓가락 등으로 대신할 수 있다. 가시가 뾰족한 선인장을 다룰 때는 가죽 장갑을 착용하면 편리하다.

가위
모아심기의 줄기를 다듬거나 분갈이할 때 쓸모없는 뿌리를 자르는 용도로 사용한다.

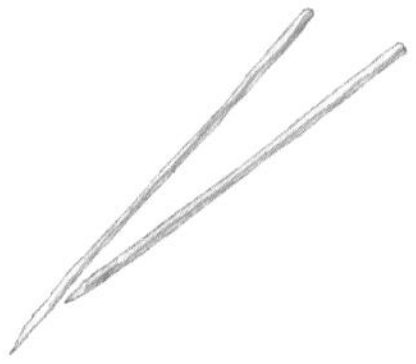

대꼬챙이
용기가 작아서 흙이 골고루 들어가지 않을 때 사용한다. 콕콕 찔러서 흙을 잘 골라준다.

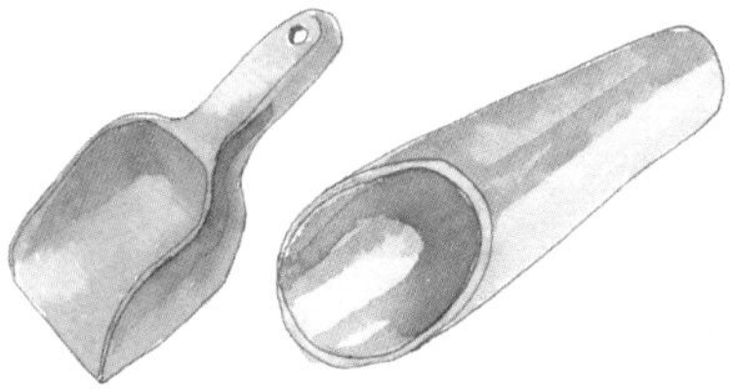

모종삽
모종을 심을 때 흙을 넣는 도구다. 대 · 중 · 소 크기별로 장만해두면 상당히 편리하다.

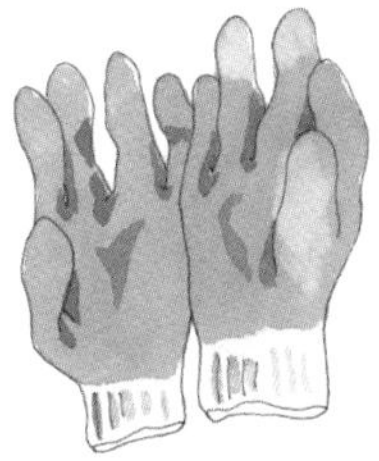

장갑
선인장이나 유포르비아처럼 가시가 있는 식물을 옮겨 심거나 모아심기 할 때 사용한다.

분무기
흙 표면에 수분을 공급한다. 휴면기에, 또는 구멍이 없는 용기로 만든 모아심기에 요긴하다.

물뿌리개
물을 줄 때 사용한다. 모아심기나 소형화분에 물을 줄 때는 주둥이가 가는 것이 편하다.

Basic 2

사용 가능한 용기들

만들고 싶은 모아심기의 분위기에 맞춰 고른다.

물 주는 요령을 익히면 어떤 용기든지 사용할 수 있다

물구멍이 있는 원예용 화분은 물을 줄 때 여분의 물이 구멍으로 흘러나가면서 흙 속 산소의 흐름도 같이 좋아지기 때문에 다육식물을 재배하기에 적당하다. 소재는 다양하지만, 다육식물을 처음 키운다면 수분이 잘 발산되는 토분을 추천한다. 물구멍이 없는 화분이나 식기 등을 사용할 때는 물을 주었을 때의 물의 양과 며칠 만에 흙이 마르는지를 관찰하여 물 주는 주기를 정한다.

원예용 화분

플랜트숍이나 대형마트 등에서 구매할 수 있다. 토분과 도자기 화분, 플라스틱, 양철, 등나무 바구니 등 소재도 다양하다. 기능성이 뛰어나고 초보자도 사용하기 쉽다.

플라스틱 화분

리스형 등나무 바구니

낙소분

분재 화분

도자기 화분

생활용품

물구멍이 없는 것이 많다. 따라서 배수가 잘되는 흙을 사용하고 배수용 돌을 넉넉하게 넣는다. 뿌리썩음병 예방약을 넣거나 물 주는 양과 횟수를 조절하는 등의 조치를 한다.

대접

우묵한 볼

중국식 프라이팬

앤티크 잡화 외

다육식물 재배에 익숙해지면 앤티크 잡화 등을 사용해보는 것도 좋다. 독창적인 느낌, 중후한 분위기를 연출하고 싶을 때 추천한다.

앤티크 항아리

케이크 팬

나무통

황동 양동이

보석상자

DIY + 아이디어 제품

액자 프레임에 수작업으로 만든 나무상자를 조합하거나 케이크 틀에 화분 깔망을 부착해서 만든다. 그릇 형태가 아니라도 아이디어만 있으면 특별한 화분으로 변신시킬 수 있다.

케이크 틀

철제 플랜터

Basic 3 사용하는 흙의 종류

다육식물을 건강하게 키우기 위해서 꼭 필요한 배양토를 고른다.

화분 안의 배수성을 높여서 과습을 방지하는 것이 포인트

다육식물 모아심기를 만들 때면 화초용 배양토를 종종 사용하는데, 배수성을 높이고 싶을 때는 적옥토를 추가하기도 한다. 시판되는 다육식물과 선인장 전용 배양토를 이용해도 좋다. 전용 흙에는 경석을 베이스로 한 것과 적옥토가 베이스인 것이 있는데, 소형화분이나 작게 키우는 모아심기에는 배수성이 뛰어난 경석 베이스의 흙을 추천한다. 초보자는 겉흙이 젖은 정도를 쉽게 알 수 있는 적옥토 베이스의 배양토가 좋다.

어떤 배합의 흙이든 배수가 잘되는 것이 기본이다. 화분 바닥에는 배수용 돌 또는 입자가 큰 대립 적옥토를 넣어준다.

뿌리썩음병 예방약
물구멍이 없는 용기를 사용할 때는 배수용 돌을 먼저 넣은 다음 약을 넣는다. 뿌리의 발달도 촉진한다.

배양토
보통은 화초용 배양토를 사용한다. 배수성을 높일 때는 적옥토를 섞거나 배수용 돌의 양을 늘린다.

배수용 돌
원활한 배수를 위해 화분 바닥에 넣는다. 화분의 1/5, 큰 화분에는 2/5 정도 넣는다.

적옥토 소립
화초용 배양토를 사용할 때 물 빠짐을 좋게 하려면 적옥토를 20~30% 섞는다.

다육식물 · 선인장 전용 흙
배수성을 중시한 소립 경석 베이스와 화초용 배양토에 가까운 적옥토 베이스의 흙이 있다.

적옥토
대립 적옥토는 배수용 돌로 사용한다. 시판되는 배수용 돌보다 무겁긴 하지만 가격은 저렴하다.

Basic 4 흙을 직접 배합하는 방법

모아심기의 생장을 조절하기 위한 흙 배합이다.

목적에 따라 마음대로 사용하는 나만의 배양토

모아심기 스타일이나 화분 크기에 따라서 크게 키울 것과 작은 형태를 유지하면 좋은 것이 따로 있다. 비료를 주거나 가지치기하여 조절할 수 있지만, 베이스가 되는 흙을 어떻게 배합하느냐에 따라서도 생육 상태는 달라진다.

크게 그리고 빠르게 생장시키고 싶다면 적옥토 베이스의 다육식물 배양토 또는 화초용 배양토를 사용한다. 화초용 흙의 배수성을 높일 때는 적옥토 소립을 20~30% 정도 섞으면 좋다. 배합하는 흙의 입자가 클수록 물 빠짐은 좋아진다. 직접 흙을 배합하는 경우 목적에 맞게 사용하는 소재와 비율을 바꿔가며 혼합한다.

a 작게 키우는, 배수성이 좋은 배합

경석을 50%가량 넣어 물 빠짐을 중시한 배합이다. 보비성이 없어서 비료를 줘야 하며, 고형 비료가 아닌 액체 비료를 준다.

* 경석 소립	5
* 질석	2
* 적옥토 소립	2
* 훈탄	1

b 크게 키우는, 보수력이 좋은 배합

보비성과 보수성, 통기성을 중시하여 생육을 촉진하는 배합이다. 경석으로 배수성을 높이고 훈탄으로 뿌리썩음을 방지한다. 비료는 고형과 액체 모두 줄 수 있다.

* 적옥토 소립	4
* 부엽토	2
* 경석 소립	2
* 질석	1
* 훈탄	1

Basic 5 모아심기 하기 전에 주의할 점

아름다운 모아심기를 오래 두고 볼 수 있는 모종 선택 방법과 심는 요령을 알아보자.

a 모종 고르는 법

모종 상태일 때는 생장 후의 모양이나 크기, 생장 속도를 상상하기 어렵다. 미리 특성을 알아보고 성질이 완전히 다른 것끼리 조합하지 않도록 주의한다. 다육식물은 봄부터 가을에 걸쳐서 생장하는 여름형과 가을부터 겨울에 생장하는 겨울형이 있는데, 생육형이 달라도 모아심기는 가능하다. 생육 중인 식물이 휴면기 식물에 방해가 될 때는 가지치기를 해준다.

b 심기 전에 알아두면 좋은 주의사항

다육식물은 분형근을 상당수 제거해도 시들지 않지만, 그렇다고 너무 많이 떼어내면 안정감이 떨어져서 심기 힘들어진다. 분형근 옆쪽의 흙을 털어내서 세로로 길게 남겨 두면 심기 쉽고 안정감도 좋아진다. 심은 뒤에 너무 세게 누르면 흙의 단립구조가 무너져 물 빠짐이 나빠진다. 또한 줄기나 잎이 파묻히면 모종이 썩을 우려가 있으므로 흙을 너무 많이 넣지 않는다.

Basic 6

목적별 추천 품종

모아심기에서 가장 중요한, 식물을 고를 때 참고하면 좋은 추천 다육식물 총집합!

a 주인공으로 어울리는 식물

눈에 띄는 잎 색과 모종의 크기, 생김새 등이 모아심기의 주인공으로 제격인 식물이다.

화제

겨울에는 새빨간 단풍이 든다. 황록색이나 초록색 식물과 함께 심어 색상 대비를 즐긴다. p.6

발디

세련된 적자색 또는 짙은 붉은색 잎의 품종과 조합하면 좋다. p.9

브론즈(프리티)

겨울에는 세련된 적자색으로 물든다. 다듬지 않고 자연스러운 수형을 살리면 보는 재미가 있다. p.9

구슬얽기

잎 색이 밝고 곱다. 리스 형태로 낮게 만들면 모양을 계속 다듬어주어야 한다. p.38

청운무

여름의 강한 빛을 싫어한다. 하워르티아나 가스테리아 종류와 조합하여 실내에서 키운다. p.53

특엽옥접(톱시터비)

정면에 배치하면 인상적인 작품이 된다. 자주색 및 핑크 잎과 잘 어울린다. p.52

오색만대

소형 용설란이다. 알로에와 잎 모양도 비슷하고 성질도 잘 맞아서 같이 심기 좋다. p.72

도밍고

연푸른색을 띠며 진한 색 잎과 대비효과를 주기 좋다. p.94

릴리시나

우아한 인상을 살려서 화려한 모아심기의 주인공으로 추천한다. p.131

양로

주인공으로서 핑크 계열과 조합하면 잘 어울린다. 겨울에는 잎끝이 핑크로 물든다. p.131

b 주인공을 돋보이게 보조하는 식물

주인공을 빛내주는 아름다운 조연이다. 쓰임새가 많고 중요한 역할을 한다.

워터메리

위와 옆으로 줄기가 무성하게 자라서 쓸모가 많다. 가을부터 봄까지 단풍이 볼만하다. p.19

황려

갸웃거리는 듯한 모습이 모아심기에 입체감을 더한다. 황록색 잎이 화려하다. p.18

월토이

푸른색과 초록색 등의 파스텔 색조 식물과 매치한다. p.74

성왕자

주인공 옆에 심어 잎 모양과 스타일을 대비시키면 효과적으로 활용할 수 있다. p.52

용월

0℃ 가까이 추위를 견디는 튼튼한 품종이다. 모아심기에 움직임을 더해서 약동감을 부여한다. p.52

은전

키 작은 식물과 조합하면 높낮이 차이가 생겨 입체적으로 보인다. p.75

백금황성(프로스티)

고운 은색 잎이 여름철 모아심기에 서늘한 인상을 준다. p.103

벨루티나

늘어뜨려 심거나 부피감 있게 만들 때 편리하다. p.116

팅커벨

위로 자라며 장소를 가리지 않아서 색감을 더하고 싶을 때 추천한다. p.116

금토이

잎이 흰털로 뒤덮여서 따뜻함을 연출하는 겨울 모아심기에 요긴하다. p.130

ⓒ 뒤쪽이나 가운데 심는 키 큰 식물

높낮이 차이를 연출할 때 알아두면 편리하다.
크기의 균형에 신경을 쓴다.

세무리아(장상주)

은색 계열 또는 진한 녹색 잎과 조합하면 서로 돋보인다. p.8

염자

겨울에는 잎끝에 은은하게 빨간 물이 든다. 가운데 심는 것을 추천한다. p.18

썬버스트

잎 무늬가 아름다운 아이오니움이다. 키 작은 식물과 조합한다. p.41

팡

시원스러운 모습이 아름답다. 밑동까지 보이게 심으면 좋다. p.41

녹태고

덩굴손을 시원시원하게 위로 뻗는다. 맨 뒤 또는 가운데 심으면 보는 재미가 있다. p.75

녹탑(약록)

위로 생장한다. 높이를 활용하거나 중간에서 동적인 느낌을 연출할 때 사용한다. p.75

천무지무(천무지묘)

세련된 인상으로, 분지(分枝)하며 위로 생장한다. 보조 식물로 요긴하게 쓰인다. p.75

미카도스투키

가늘고 곧게 뻗은 잎이 멋스럽다. 실내에 두는 모아심기에 최적이다. p.82

알로에 디코토마

위풍당당한 모습이다. 밑동에는 키 작은 식물을 조합하면 잘 어울린다. p.92

캐시미어바이올렛

중앙에 짙은 초록색의 새잎이 나온다. 주인공과 보조 역할에 모두 쓰임새가 많다. p.95

ⓓ 큰 잎이 포인트가 되는 식물

눈에 잘 띄는 큰 잎은 대형 모아심기에 활용하기 편하고
주인공으로도 많이 사용된다.

퀸레드

일 년 내내 크고 붉은 잎을 볼 수 있다. 플랜터 형태의 주인공으로 제격이다. p.18

혁려

키가 위로 자라서 대형 모아심기의 주인공이나 포인트로 사용하기 적당하다. p.18

윤회

개성 있는 잎이 모아심기의 악센트 역할을 한다. 산뜻한 인상을 주고 싶을 때도 사용한다. p.50

상학(팔리다)

올라오는 꽃대를 살려서 큰 모아심기의 보조 식물로 사용한다. p.95

레드바론

소형 모아심기에는 어울리지 않는다. 대형 모아심기에 다이내믹하게 사용한다. p.95

얼리라이트

대형 에케베리아로, 개성적인 모아심기를 즐기고 싶을 때 주인공으로 심는다. p.94

프린세스펄

흰색 또는 은색 계열 식물과 조합하면 서로 돋보인다. p.94

마우나로아

겨울에는 잎이 새빨갛게 물들어서 청회색이나 은색 계열과 잘 어울린다. p.105

애프터글로우

에케베리아 대형종이다. 소량 심어서 고운 잎 색을 감상한다. p.105

선녀무

아주 가느다란 털로 뒤덮인 잎이 마치 펠트 같다. 키가 느리게 자란다. p.116

ⓔ 작은 잎으로 사랑스러움을 더하는 식물

깜찍한 모습이 모아심기의 인상을 결정짓고 전체를 가다듬는 역할까지 한다.

루벤스

자라면서 줄기가 처지므로 화분 가장자리에서 흘러넘치듯이 심으면 아름답다. p.31

카멜레온

푸른빛이 도는 잎은 식물 사이를 메우는 역할이나 생동감을 내는 용도로 쓰인다. p.74

리틀잼

촘촘한 모습으로 기듯이 퍼져나간다. 화분에서 가지를 늘어뜨리면 효과적이다. p.50

그린에또

진녹색의 자잘한 잎이 잔뜩 달려있어서 포기 사이를 메울 때 자주 쓰인다. p.50

입전봉

생장이 느려서 디오라마 타입이나 태피스트리 가든에 가장 알맞다. p.85

희성

잎끝이 은은한 붉은빛을 띤다. 산뜻한 인상을 주고 싶을 때 요긴하다. p.85

볼켄시

옆으로 생장한다. 주인공이나 보조 식물 옆에 늘어뜨려서 틈새를 메우는 역할로도 쓴다. p.105

프로이노사

위로 가지를 뻗는다. 키를 낮게 유지하고 싶으면 가지치기하여 다듬어준다. p.104

브로우메아나

옆으로 생육하는 돌나물과 식물끼리 혼합해서 심어도 근사하다. p.117

소인제

적갈색 무늬가 개성 있다. 악센트를 주거나 포인트로 사용하면 재미있다. p.116

ⓕ 색이 진해서 포인트 컬러로 쓰기 좋은 식물

진한 색이 두드러져서 컬러 코디네이션에 필수인 품종이다. 기억해두었다가 적절히 활용한다.

인디카

봄부터 여름까지는 녹색, 가을부터 겨울까지는 짙은 빨강으로 단풍이 든다. 소형 모아심기에 적합하다. p.9

오팔(천우학)

가을부터 늦봄까지 세련되고 짙은 적갈색을 띤다. 생기를 부여하고 싶을 때 좋다. p.52

뉴헨의진주(펄 폰 뉘른베르크)

일 년 내내 자주색을 띠지만 겨울에는 더욱 진하고 아름다워진다. 주인공으로 쓰기에도 편하다. p.40

프로스트라툼

일 년 내내 짙은 갈색을 띠며 꽃이 핀 뒤 열매도 맺는다. 알로에와 함께 심으면 서로 돋보인다. p.92

흑왕자

검은빛을 띤 진한 갈색으로 세련된 모아심기의 주인공으로 추천한다. p.95

알프레드 그라프

흑왕자와 비슷한 갈색 잎으로 포인트 컬러에 최적이다. 키 큰 식물 밑동에 심는다. p.116

야마토렌(대화련)

잎 테두리의 적갈색이 곱다. 세련된 모아심기의 주인공이나 포인트로 사용한다. p.116

메비나

여름에는 연녹색, 가을부터 봄까지는 잎끝이 붉게 물든다. 따뜻한 지역에서는 실외에서도 월동할 수 있다. p.130

핑크프릴

핑크와 자줏빛 그러데이션의 잎은 테두리가 물결 모양이다. 같은 색조 사이에서 주인공으로도 제격이다. p.128

데비

흰 가루를 뿌린 듯한 모습으로 겨울에는 핑크빛이 더욱 짙어진다. 포인트로 사용하기 좋다. p.128

g 연한 색이 부드러운 인상을 만드는 식물

색의 농담으로 그러데이션을 만들거나
우아한 스타일로 연출하고 싶을 때 사용한다.

스노우제이드

분지하며 위로 생장한다. 생동감을 더해주며 모든 타입과 잘 어울린다. p.18

춘맹(세덤 앨리스 에반스)

군생을 이루며 자란다. 진한 색 옆에 배치하면 서로 돋보인다. p.19

밀로티

사랑스러운 빛깔 덕분에 인기 있다. 실내에서 관리하는 겨울 모아심기에 추천한다. p.19

미공모

크게 키우면 존재감을 발휘한다. 중앙에 심으면 흥미로운 모양을 만들 수 있다. p.19

프로리페라

사방으로 뻗은 가지를 늘어뜨려서 사용한다. 잎이 잘 떨어지므로 주의한다. p.16

펀퀸

연녹색 잎이 주인공을 돋보이게 한다. 진녹색 식물과 궁합이 가장 잘 맞는다. p.38

부사

위로 생장한다. 높이를 낮추고 싶으면 적당히 다듬어준다. p.38

누비제나

연푸른색의 얇고 끝이 뾰족한 잎이 인상적이다. 진한 색 옆에 배치한다. p.92

들장미의정령

잎을 겹쳐서 아름다운 로제트를 만든다. 청초하고 우아한 모습이 주인공으로 더할 나위 없다. p.114

백모단

추위에 강해서 0℃ 이하로 내려가지 않으면 베란다나 처마 밑에서 월동할 수 있다. p.114

h 개성 있는 생김새가 매력적인 식물

하나만 심어도 압도적인 존재감을 내뿜지만,
주인공을 빛내주는 역할에도 어울린다.

무을녀

구불구불하게 줄기를 세워서 생장한다. 마구잡이로 자란 것을 심으면 개성 있게 완성된다. p.19

은파금

흰 분가루로 덮인 잎의 끝자락이 물결 모양이다. 생김새는 독특해도 조합하기는 쉽다. p.74

천대전송

잎은 통통하고 오밀조밀한 모습이다. 작은 모아심기에 적합하다. p.38

천금장

잎의 형태와 무늬가 개성 넘친다. 잎이 떨어지기 쉬운 성질이므로 주의한다. p.53

희어소금

군생으로 자라지만 크기는 작다. 키 큰 모종 밑동에 심으면 효과적이다. p.75

기천

삼각형 잎을 쌓아 올린 모습이 독특하다. 악센트로 화분 가장자리에 심는다. p.75

썬버스트철화

철화된 것은 모양이 특징적이다. 큰 나무를 연출할 때 사용하면 재미있다. p.85

벨라

방사상으로 잎을 뻗는다. 꼿꼿하게 서는 타입과 조합하면 멋스럽다. p.82

그린옥선

둥근 잎, 무늬가 있는 잎 등, 모양과 색깔이 다른 하워르티아와 조합한다. p.117

상아탑

짧은 흰 털로 뒤덮인 잎은 은색을 띠며 군생으로 자란다. 작은 모아심기에 어울린다. p.130

i 줄기의 길이를 살려서 특유의 분위기를 자아내는 식물

걸이형 화분 등에 늘어지는 품종을 심어서 멋스러운 스타일을 연출한다.

아우스트랄레

작은 은색 잎이 귀엽다. 공간을 메울 때 요긴하게 쓰인다. p.18

바나나체인(경동자)

덩굴손을 뻗으며 생장한다. 예쁘게 늘어지며 자라서 걸이형 타입에 안성맞춤이다. p.16

크라술라 다비드

마디 사이가 짧고 키가 작아서 리스형이나 소형 모아심기에서 활약한다. p.38

러브체인금

핑크빛의 하트 모양 잎으로 인기가 많다. 파스텔 색조의 식물과 조합한다. p.53

녹영금

녹영의 무늬종이다. 짙은 녹색 옆에 배치하면 돋보인다. p.82

무늬돌나물

예쁜 얼룩이 있고 옆으로 기어가듯이 생장한다. 빨강이나 자줏빛의 진한 색 잎과 잘 어울린다. p.94

루비네크리스(진주목걸이)

화분 가장자리에서 줄기를 늘어뜨리거나 모종과 모종 사이에 심어서 구불거리는 움직임을 연출한다. p.94

녹영

부케 스타일에서 빼놓을 수 없는 식물이다. 모든 다육식물과 궁합이 잘 맞는다. p.105

돌나물(덩굴만년초)

덩굴의 마디마디에서 뿌리가 나온다. 왕성하게 자라기 때문에 자주 가지치기한다. p.114

카펜시스

루비네크리스와 같은 갈래다. 일 년 내내 녹색을 띠며 그러데이션을 줄 때 쓴다. p.128

j 아름다운 겨울 단풍이 선명함을 더해주는 식물

봄여름에는 푸르렀던 잎이 겨울에는 붉게 변신한다. 변화의 폭을 넓혀준다.

드래곤블러드

세련된 적자색 잎은 추위가 시작되면 짙은 빨강으로 선명하게 물든다. 보조 식물로 좋다. p.18

오색기린초

추운 겨울에는 핑크빛이 한층 더 붉어진다. 색감을 더하고 싶을 때 제격이다. p.31

적귀성

겨울에는 선명하게 단풍이 든다. 연녹색이나 노란색 잎과의 대비가 아름답다. p.6

오로라

겨울에는 새빨갛게 단풍이 든다. 군생을 이룬 포기를 나누어서 사용하며 악센트를 줄 때 요긴하다. p.9

원패초

황록색 잎은 겨울에 새빨갛게 물든다. 노란색이나 초록색 잎과 조합하고 실내에서 관리한다. p.116

k 모아심기에 사용하기 좋은 선인장

가시 때문에 거친 인상을 주는 선인장도 개성적인 품종과 조합하여 즐길 수 있다!

금황환

시중에서 구하기 쉬운 품종이다. 진녹색 식물과 조합하면 돋보인다. p.65

고사

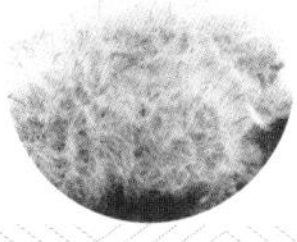

갈고리 모양의 가시가 있으므로 심을 때 걸리지 않도록 주의한다. p.65

백성(깃털 선인장)

키 큰 기둥 선인장과 조합하여 높낮이 차이를 연출하고 싶을 때 사용한다. p.64

노수락

희고 긴 털로 덮여 있다. 주인공으로 동색 계열 및 진녹색 타입과 조합하면 잘 어울린다. p.64

립살리스 캐필리포미스

착생종으로 가시가 없어서 다루기 쉽다. 밑동부터 가지를 벌려서 통풍시켜준다. p.64

Basic Master Technique (1) to (5)

다육식물 모아심기 기법 기본기 마스터 단계

색상 조합하는 법, 모종 배치하는 기술 등, 다육식물 모아심기의 완성도를 높이기 위해 알아두어야 할 기본기를 익힌다.

Basic (1) 높낮이가 다른 식물로 밸런스의 달인 되기

성원이나 창가에 포인트로 두고 싶은 화려한 모아심기

모종의 키 차이를 활용해서 생기를 더하기

높낮이를 강조해서 식물을 조합하면 키 큰 모종의 영향으로 세로 라인이 두드러진다. 약동감과 화려함을 연출할 수 있어서 공간에 포인트를 주기에 안성맞춤이다. 키 큰 모종은 뒤쪽으로, 작은 모종은 앞쪽, 중간 키의 모종은 둘 사이에 배치하여 심는 것이 기본이다. 키가 작고 아래로 늘어지는 품종을 화분 앞쪽에 심으면 식물과 화분이 하나로 어우러지는 느낌이 연출되어 생기를 불어넣을 수 있다.

Type a. 고·저 2가지 타입 모종의 조합

높고 낮은 두 종류의 모종으로 단순하게 만든다. 큰 모종은 화분 높이의 1.5~2배 정도가 되어야 균형이 잘 맞는다.

Type b. 고·중·저 3가지 타입 모종의 조합

3가지 높이의 모종을 골라서 각각의 생김새가 잘 보이도록 배치한다. Type a보다 조금 복잡하므로 심기 전에 자리를 대강 정해두면 좋다.

Basic ② **컬러 코디네이션 마스터하기**

개성적인 색채를 최대한 살려 만드는 아름다운 코디네이션

모아심기의 분위기를 결정하는 컬러 코디네이션 기법

붉은색과 초록색은 물론이고 은빛과 푸른빛이 도는 것까지, 다육식물의 색깔은 정말 다양하다. 특히 단풍이 드는 겨울철에는 색상을 대비시킨 구성을 즐길 수 있다. 여러 가지 색을 조합하면 톡톡 튀고 활기찬 분위기가 연출된다. 지나치면 자칫 어수선해지기 쉬운, 전문가 수준의 기법이라고 할 수 있다. 동색 계열의 모아심기는 초보자도 실패 확률이 낮아서 색을 구성하기 쉽다. 보색은 색상환에서 서로 마주 보는 색을 가리킨다. 반대되는 성질을 가진 조합이기 때문에 뚜렷한 대비로 선명한 이미지를 완성한다.

Type a. 멀티 컬러 코디네이션

짙은 색 또는 발색이 선명한 것으로 악센트를 주고 다채로운 색깔로 꾸며준다. 다른 색을 나란히 두어서 서로의 색채를 돋보이게 한다.

붉은색 계열 식물

근사하게 물든 큰 포기가 주인공이다. 눈에 잘 띄게 중앙에 배치한다.

초록색 계열 식물

주인공인 붉은색 계열식물과 보색 관계다. 색을 대비시켜 주인공을 돋보이게 한다.

노란색 계열 식물

붉은색과 초록색의 강렬한 대비를 누그러뜨리는 효과가 있다.

은색 계열 식물

색상환에는 없는 색채다. 포인트 컬러의 역할을 한다.

Type b. 그러데이션 컬러 코디네이션

핑크부터 빨강까지 동색 계열로 통일감 있게 구성하여 만들었다. 어느 방향에서든 예쁘게 보일 수 있도록 동그랗고 풍성하게 완성했다.

Type c. 보색 코디네이션

보색 관계인 붉은색과 초록색, 보라색과 노란색, 파란색과 주황색을 조합한다. 다육식물은 붉은색과 초록색의 조합이 만들기 쉽다.

Basic 3 식물의 색깔과 특징을 통일하는 기법

모아심기의 완성도를 높이는 모종 선택

특성과 품종을 통일시켜 만들기 간단하고 관리도 편한 모아심기

잎의 색깔과 키, 모종의 종류 등을 통일시키면 모아심기의 완성도를 높일 수 있다. 색깔을 통일할 때는 먼저 테마에 맞춰 모종의 색상을 정하고 잎 모양과 색의 농담으로 변화를 준다. 비슷비슷한 색 중에서 한두 포기만 연한 색 또는 진한 색으로 심어주면 이것이 포인트가 되어서 단조로운 인상을 피할 수 있다. 같은 속의 식물이나 성질이 같은 것끼리 심으면 모종을 구성하기 쉽고 완성한 뒤에 관리하기도 편하다. 동그랗고 풍성한 형태의 모아심기를 만들 때는 모종의 키를 통일하면 작업하기 쉬워서 초보자도 실패하지 않는다.

Type a. 색깔을 통일한다

같은 색으로 통일할 때는 식물의 생김새와 잎의 모양이 완전히 다른 것과 비슷한 듯 다르게 생긴 것을 섞어 심는다. 파스텔 그린 계열로 통일한 리스는 마치 봄 새싹 같은 상큼한 분위기를 자아낸다.

Type b. 모종의 종류를 통일한다

모종의 종류를 통일하면 일조 조건이나 물주기 빈도 등이 비슷해서 같아서 평소 관리하기가 쉽다.

Type c. 높이를 통일한다

모종의 높이를 가지런히 맞추면 소복하고 동그란 모아심기를 쉽게 만들 수 있다. 화분 중앙의 흙은 조금 높게 돋우고 가장자리의 모종은 약간 기울여 심으면 수월하게 동그란 실루엣을 완성할 수 있다.

Basic 4 모종 개수가 적을 때 균형을 잡아주는 테크닉

여백을 살려서 완성하는 모아심기의 세계관

강약의 조절 방식과 공간의 조화가 포인트

화분 크기에 비해 적은 개수의 모종을 사용해 여백을 살려 만들었다. 이러한 미니어처 정원 스타일의 모아심기는 다육식물을 하나하나 부각해서 아름답게 보여줄 수 있다. 화분 안에 풍경을 만드는 디오라마풍의 모아심기에서는 다육식물도 풍경의 일부가 된다. 어떤 스타일로 만들든지 주인공 또는 큰 식물을 가장 먼저 배치하고, 다음으로 보조 식물과 그 밖의 모종을 심어 나간다. 장식용 소품이나 잡화를 곁들이면 완성도가 더욱 높아진다.

Type a. 공간을 만들고 효과적으로 배치한다

셈페르비붐속 식물만 모아서 통일감을 연출한 모아심기다. 공간을 여러 군데 만들면 강약을 조절하고 균형을 잡기 쉬워진다.

Type b. 모종을 여기저기 흩어서 배치한다

넓은 공간 여기저기에 모종을 흩어놓고 아프리카 사파리 같은 풍경을 만든다. 광대한 평원을 표현하기 위해서 키가 비슷비슷한 모종을 심어준다.

Basic 5 빈틈을 메워서 균형 잡기

동그란 부케처럼 아름답고 화려한 모아심기

꽃다발처럼 매혹적인 다육식물 디자인

많은 개수의 모종을 빈틈없이 꽉꽉 채워서 심는 모아심기 스타일로, 화려하게 만들고 싶을 때 추천하는 기법이다. 다육식물은 분형근을 세로로 길게 다듬으면 심기가 수월해지고 모종도 많이 심을 수 있다. 그러나 찜통 같은 환경에 취약하므로 장마철부터 여름 동안에는 모종이 너무 빽빽해지지 않도록 주의한다.

Type a. 부케처럼 빈틈없이 심는다

중앙을 높여서 동그랗게 만드는 것이 기본이다. 화분에 들어가는 흙이 적어서 생장은 느린 편이다. 오랫동안 작은 형태를 유지할 수 있다.

Type b. 조금씩 틈을 만들면서 심는다

철화된 것과 큼직한 모종을 사용하여 만든 선인장 모아심기다. 몬스트로수스 바리에가타와 여우꼬리철화의 오목한 부분에 동글동글한 금황환을 심었다.

모종끼리 밀착되지 않도록 틈을 만들어 심는다. 높낮이와 요철, 각도를 활용하여 모종을 많이 심은 것처럼 보이게 한다.

Basic 6 늘어지는 성질의 식물로 걸이형 연출하기

우아하고 사랑스럽게 표현하는 스타일

움직임을 더하여 시선을 사로잡는 작품 만들기

화분을 매달아 장식하는 걸이형 모아심기는 강렬한 인상으로 시선을 사로잡는다. 줄기가 늘어지는 식물을 사용하면 화분 안에서 쏟아져 나오는 듯한 모습이 화려함과 역동적인 느낌을 더해줘서 매력적인 모아심기가 완성된다. 생장 후의 모습도 기대되는 작품이다.

루비네크리스와 녹영, 오색기린초 등, 줄기를 길게 늘어뜨리는 품종을 고른다. 포기를 나눠서 두세 군데 흩어 심어도 효과적이다.

maintenance

다육식물로 만든 모아심기 관리 방법

식물은 시간이 흐르면 생장을 하고 따라서 모아심기의 모양도 달라진다.
다육식물을 건강하게 키우기 위한 환경을 조성하고 생장 후에 관리하는 방법을 배워보자.

Basic 1 계절별로 달라지는 모아심기 관리장소

여름에는 과습과 직사광선을 피하고 충분한 일조량과 통풍에 신경을 쓴다.

a 봄·여름·가을에 두는 장소

무름과 웃자람에 주의해서 예쁘고 건강하게 키운다

다육식물 모아심기는 해가 잘 들고 통풍이 잘되는 곳에 두는 것이 가장 좋다. 일조량과 통풍이 부족하면 잎 색이 나빠지고 잎과 잎 사이가 벌어지면서 쇠약해진다. 봄에는 통풍이 잘되는 실외에서, 되도록 장시간 햇볕을 쬐어 키운다. 비를 조금 맞는 정도는 괜찮지만, 장마철에는 비를 피할 수 있는 처마 밑에 두고 관리한다. 한여름에는 강한 햇빛에 잎이 화상을 입기도 하고 습도가 너무 높으면 물러서 썩기도 하므로 통풍이 잘되는 반그늘에 두고 서늘한 환경을 조성하여 건조하게 관리한다. 가을에도 봄과 마찬가지로 통풍이 잘되는 실외에서 햇볕을 충분히 쬐어 키운다.

단독주택

비를 맞지 않도록 양지바른 처마 밑에 둔다. 땅바닥의 열기가 화분 안으로 직접 전달되는 것을 막기 위해 아스팔트나 콘크리트 바닥에 바로 올려두지 않는다.

공동주택

지붕이 있는 베란다에 둔다. 단독주택과 마찬가지로 콘크리트 바닥에 그대로 두지 말고 받침대 등을 사용한다.

실내 창가

볕이 충분히 드는 창가에 둔다. 통풍도 중요하므로 가끔 환기하여 공기를 순환시킨다.

모아심기의 경우

모종을 빼곡하게 심은 모아심기는 때때로 화분을 돌려서 모든 식물에 햇볕을 골고루 쬐어준다.

ⓑ 겨울에 두는 장소

다육식물이 얼지 않도록 온도를 관리하고 건조하게 키운다

다육식물의 내한온도는 대부분 5℃ 정도다. 따라서 밤에도 5℃ 이상 유지되는 처마 밑이나 해가 잘 드는 실내에서 관리한다. 추운 지방에서는 실내라도 창가에 두면 어는 경우가 있으므로 밤에는 창문에서 떨어뜨려 놓는다. 0℃ 이상 유지할 수 있고 건조하다면 추위에 특별히 취약한 종류를 제외하고는 처마 밑이나 베란다에 그대로 두어도 괜찮다. 밤에는 방한 대책으로 비닐을 한 장 덮어주면 좋다.

Basic ② 일상적인 관리 및 물과 비료를 주는 요령

잎에 저장기능이 있는 다육식물은 물을 자주 주지 않는다.

물이든 비료든 지나친 것은 금물, 융통성 있게 관리한다

물은 흙이 완전히 마른 뒤에 흠뻑 주는 것이 기본이다. 봄부터 장마 직전, 그리고 9월 하순부터는 화분 구멍에서 물이 흘러나올 때까지 준다. 장마철부터 늦더위가 기승을 부리는 9월 중순까지는 물 주기를 자제하고 건조하게 유지한다. 겨울이 되면 흙이 잘 마르지 않으므로 12월부터 2월 사이에는 특히 더 건조하게 유지하여 흙 속의 온도가 낮아지지 않도록 주의한다. 3월이 되어 기온이 상승하면 물 주는 양과 횟수도 서서히 늘린다.

비료는 옮겨 심을 때 사용한 배양토가 부엽토이거나 퇴비가 들어있는 흙이라면 그 양분만으로도 충분하다. 심은 뒤 5~6개월 지나서 다시 손질할 때는 새 배양토를 사용한다.

봄~가을의 물 주기

장소와 화분의 재질, 뿌리가 자란 상태에 따라서 마르는 정도가 달라진다. 흙이 젖어있다면 물을 주지 않는다. 모아심기는 포기 사이가 좁으니 밑동에 물을 준다.

휴면기의 물 주기

2주에 한 번 흙 표면이 젖을 정도로 준다. 구멍이 없는 화분에는 분무기를 사용하면 편리하다. 물을 적게 주면 잎에 주름이 생기지만 봄에 물의 양을 늘리면 원래대로 돌아온다.

비료 주기

경석 베이스의 다육식물용 배양토에는 부엽토와 퇴비가 들어있지 않은 것도 있다. 잎 색이 선명하지 않고 생육이 나빠지면 그때마다 고형 비료나 액체 비료를 조금씩 준다. 모아심기 후 5~6개월이 지났거나 옮겨심기할 수 없을 때도 웃거름을 줘서 비료를 보충한다.

Basic 3 흐트러진 모아심기 손질하는 법

만든 직후의 모양을 유지하고, 장마 전 무름병을 예방하기 위해 가지치기를 한다.

한 달에 한 번 가지치기로 부케 모양 유지하기

모아심기의 형태를 유지하려면 자라서 튀어나온 줄기를 잘라줄 필요가 있다. 모양이 망가진 모아심기를 가지치기하면 만든 직후의 깔끔한 스타일로 돌아온다. 리스형 모아심기는 식물이 자라면서 균형이 깨지기 때문에 나직하게 다듬어서 관리한다. 손잡이가 있는 바구니는 손잡이를 가리지 않도록 손질해준다. 여름형 품종은 생장기인 봄부터 가을 사이에, 한 달에 한 번 가지치기하는 것이 이상적이다. 특히 장마 직전에는 밑동을 잘라서 포개진 줄기 수를 줄이고 통풍이 잘되게 해둔다.

Step 1 다듬고 옮겨심기

흐트러진 모아심기
오래 방치해서 줄기가 제멋대로 자란 모아심기.

빨간 선 부분을 자른다
자란 줄기를 가위로 자른다. 처진 줄기는 밑동을 자른다. 4~5일 응달에서 자른 부분을 말린다.

남은 모종은 뽑아서 옮겨 심으면 완성
전체적으로 많이 자라서 화분이 좁아졌다면 모종 개수를 줄여서 모아심기를 다시 만든다.

잘라낸 모종 윗부분

옮겨 심어서 완성
잘라낸 모종의 윗부분과 뽑아낸 모종은 새 모아심기에 사용한다. 마른 다육식물용 흙에 줄기를 꽂고 4~5일 밝은 응달에서 관리한다. 10~15일 정도면 뿌리가 나온다.

a 여름 생육형 모종 관리

여름형은 4월~6월, 9월 중하순~10월까지가 포기나누기, 꺾꽂이, 잎꽂이하기에 적당한 시기다. 새끼 그루가 많이 나왔거나 화분에 뿌리가 가득 찬 식물은 포기를 나눠서 새 흙으로 옮겨 심는다.

b 겨울 생육형 모종 관리

생육기인 10월~3월에 가지치기하고, 꺾꽂이도 이 시기에 한다. 잘라낸 줄기 끝은 꺾꽂이모로 쓸 수 있다. 녹영처럼 아래로 늘어지는 품종은 줄기를 솎아내고, 너무 긴 줄기는 잘라낸다.

Step 2 옮겨 심을 때 주의할 점

포기나 싹이 다치지 않도록 적당한 시기를 고른다!

모아심기는 일 년에 한 번 해체하여 새 흙으로 옮겨 심는다. 새로 다듬거나 분갈이할 때 뿌리를 다칠 가능성이 있으므로 생장이 멈추는 휴면기는 피한다. 여름형은 한여름과 한겨울, 겨울형은 봄부터 여름 동안에 작업하지 않는다. 꺾꽂이할 때 자른 단면이 썩지 않도록 완전히 마른 뒤에 흙에 꽂는 것이 포인트다.

분갈이할 때 포기나누기
크게 자란 모종은 포기나누기한다. 뿌리 부분을 양손으로 잡고 조심스럽게 천천히 나눈다.

잘라낸 모종 꽂기
가지치기할 때 잘라낸 줄기와 마찬가지로, 마른 흙에 줄기를 꽂고 4~5일 밝은 응달에서 관리한다.

Step 3 잘라낸 모종 번식시키기

잎꽂이나 꺾꽂이하여 다육식물 새싹을 키운다

가지치기하여 잘라낸 줄기로 번식시키는 방법에는 꺾꽂이 외에도 잎꽂이가 있다. 분갈이할 때 줄기에서 떨어진 잎을 흙 위에 올려두고 뿌리가 나오기를 기다리는 번식법이다. 잎자루가 남아있어야 뿌리가 나오므로 줄기에서 잎을 떼어낼 때는 가위를 사용하기보다는 손으로 떼어낸다. 프로리페라, 멘도사, 홍옥, 브론즈, 발디, 백모단 등이 잎꽂이하기 좋은 종류다.

다육식물 번식 과정 도해

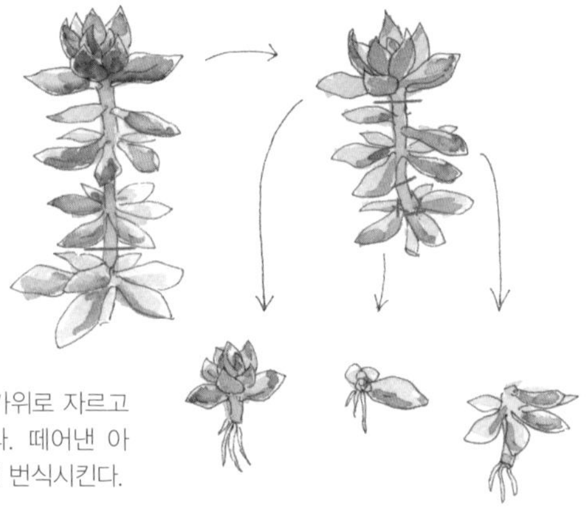

꺾꽂이용 줄기는 가위로 자르고 아랫잎을 떼어낸다. 떼어낸 아랫잎은 잎꽂이하여 번식시킨다.

1

흙 위에 잎을 올린다
흙 위에 잎을 올려두고 밝은 응달에서 관리한다. 이때 물은 주지 않는다.

2

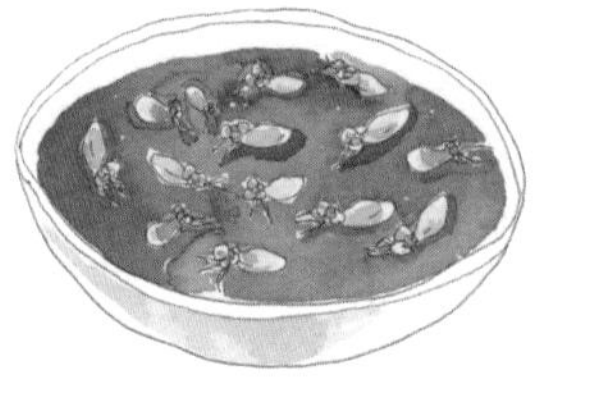

싹이 나온다
잎자루에서 싹이 나오면 양지바른 곳으로 옮긴다. 물은 분무기로 가볍게 뿌려준다.

3

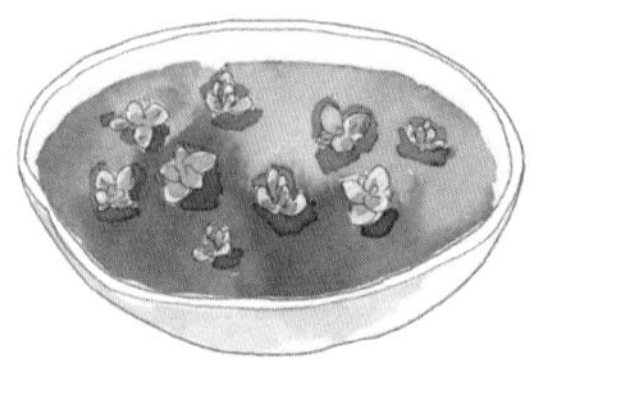

뿌리가 나오고 원래의 잎은 소멸된다
2~3개월 정도 지나고 싹이 자라면 새 화분에 옮겨 심는다.

Basic 4 다육식물의 병충해 대책

다육식물에 자주 발생하는 병해충을 알아본다.

병과 해충이 생기지 않는 환경을 조성한다

다육식물은 해충과 질병에 강한 편이지만, 습도가 높고 햇볕을 받지 못하면 발생률이 높아진다. 특히 진딧물과 깍지벌레는 통풍이 안 되면 쉽게 발생하므로 실내에서 재배할 때 주의해야 한다. 때때로 잎 뒷면과 새순, 줄기 등을 살핀다. 병충해는 봄부터 가을에 주로 발생하며, 가루깍지벌레처럼 일 년 내내 생기는 종류도 있다.

진딧물

일반 화초와 마찬가지로 봄에 많이 발생한다. 꽃과 새싹, 잎에 기생하며 즙액을 빨아 먹고 식물을 시들게 한다. 침투 이행성 살충제 등으로 방제한다. 2월경부터 과립형 살충제를 겉흙에 뿌려서 예방할 수 있다.

응애

5~10월경에 발생한다. 너무 작아서 발견하기 어렵다. 새순에 붙어 잎 뒷면에서 즙액을 빨아 먹으며 잎을 시들게 하고 상처를 낸다. 응애 전용 살충제로 방제한다.

무름병

고온의 장마철, 즉 일조량이 부족하고 과습인 환경에서 발생한다. 잎과 줄기에 난 상처를 통해 균이 침투하여 잎을 썩게 만든다. 썩은 부분을 바로 제거하고 살균제로 소독한다. 잘 말려서 새 흙에 옮겨 심는다.

깍지벌레

잎자루와 줄기에 흰 솜 같은 것이 생긴다. 즙액을 빨아 먹어 잎을 시들게 한다. 면봉이나 칫솔 등으로 긁어내거나 침투 이행성 살충제 등으로 방제한다.

가루깍지벌레

흰 가루로 뒤덮인 벌레다. 건조한 흙 속에서 발생한다. 뿌리의 즙액을 빨아 먹어 식물이 쇠약해진다. 분갈이할 때 발견했다면 피해가 생긴 뿌리째 제거한다. 침투 이행성 살충제로 방제한다.

Basic 5 다육식물 모아심기 Q&A

다육식물과 모아심기에 관한 사소한 궁금증 해결!

Q. 재단장하기 좋은 시기는 언제인가요?

A. 한여름과 한겨울을 피해서 4~6월, 9~11월에 손질합니다.

Q. 식물이 축 늘어지고 잎이 시들었어요.

A. 물을 너무 많이 줘서 뿌리가 상했거나 반대로 물이 부족한 것일 수 있습니다. 흙이 축축하다면 뿌리가 썩은 것이니 상한 부분을 제거하고 살균제로 소독합니다. 잘 말려서 새 흙에 옮겨 심고 밝은 응달에 두었다가 7~10일 후에 양지바른 곳으로 옮겨서 물을 줍니다. 휴면기에 잎이 시든 것은 문제가 되지 않습니다. 생육기가 되어 물을 충분히 주면 원래대로 돌아옵니다.

Q. 잎에도 물을 뿌려줘야 하나요?

A. 기본적으로 잎에는 물을 뿌리지 않습니다. 고온다습한 여름에 물이 닿으면 잎이 무르는 원인이 되고, 추운 겨울에는 냉해를 입습니다. 여름과 겨울에 물을 줄 때는 겉흙에만 분무하여 뿌리에서 수분을 빨아올리게 합니다.

Q. 줄기에서 흰 뿌리가 나왔어요.

A. 뿌리가 화분에 가득 차고 식물이 노화되면 공기 중의 수분을 찾아서 잎자루나 줄기에서 뿌리가 나옵니다. 분갈이하고 다듬어서 회춘시켜줍니다.

Q. 에어컨 바람은 괜찮나요?

A. 창문을 열어 자연 바람으로 환기하는 것이 가장 좋습니다. 장시간 에어컨 바람을 맞는 곳에는 두지 않습니다.

Q. 잎이 화상을 입었어요.

A. 여름에 뜨거운 햇볕을 쬐거나 갑자기 강한 빛 아래에 두면 잎이 타는 현상이 생깁니다. 반그늘로 옮겨서 보살펴줍니다. 타버린 잎은 원래대로 돌아오지 않습니다. 필요하면 잘라내고 새잎이 나오기를 기다립니다.

Q. 아랫잎이 시들어버렸어요.

A. 뿌리가 가득 찬 상태에서 오랫동안 분갈이를 하지 않으면 아랫잎이 시들어버립니다. 생육기에 옮겨 심고 정리해서 새잎이 나오기를 기다립니다. 꽃나무와 달리 잎을 남기지 않고 낮은 위치에서 바짝 잘라도 괜찮습니다.

Q. 잎꽂이해도 싹이 나오지 않아요.

A. 잎꽂이에 알맞지 않거나 뿌리가 나오기까지 시간이 오래 걸리는 식물이 있습니다. 잎꽂이에 맞지 않는 오로라, 을녀심, 웅동자 등은 꺾꽂이로 번식시킵니다.

Q. 실내에서도 실외와 똑같이 물을 주나요?

A. 기본적으로 똑같습니다. 흙이 마르는 정도에 맞춰서 물을 주지만 실외보다 통풍이 안 되기 때문에 흙이 잘 마르지 않는 경우가 있습니다. 흙 표면을 자주 살피면서 물을 줍니다.

index

이 책의 모아심기에 사용한 식물명 찾아보기

12ケ月の多肉植物寄せ植えレシピ
12 ka getsu no taniku shokubutsu yose ue recipe
(※日本語/ローマ字のどちらでも可)

Original edition creative staff:
Original Design and layout: Kaori Shirohata
Photography & Text: Chiaki Hirasawa
Styling: Natsumi Asamiya
Illustration: Juriko Uesaka
Japanese edition editor: Harumi Shinoya

다육식물 열두 달 모아심기

초판 1쇄 2021년 7월 1일

지은이 구로다 겐타로
옮긴이 이승원

편집장 김주현 **편집** 김주현, 성스레
디자인 안태현 **제작** 김호겸
마케팅 사공성, 강승덕, 한은영

발행처 북커스
발행인 정의선
이사 전수현
출판등록 2018년 5월 16일 제406-2018-000054호
주소 서울시 종로구 평창30길 10
전화 02-394-5981~2(편집) 031-955-6980(영업)

값 18,000원
ISBN 979-11-90118-23-1(13520)

※ 북커스(BOOKERS)는 (주)음악세계의 임프린트입니다.